曾岳

葛平伟

著

景观雕塑

普通高等教育"十三五"规划教材
四川美术学院雕塑系实践教学系列教程
Landscape Sculpture

西南师范大学出版社
全国百佳图书出版单位 国家一级出版社

学术委员会

庞茂琨
　　四川美术学院党委副书记、院长、教授
　　重庆市文学艺术界联合会副主席
　　重庆市美术家协会主席
　　重庆画院院长
　　重庆美术馆馆长

焦兴涛
　　四川美术学院副院长、教授
　　中国雕塑学会副秘书长
　　重庆市美术家协会副主席
　　重庆市雕塑学会会长

王林
　　四川美术学院教授、著名艺术批评家、策展人
　　国家当代艺术研究中心专家
　　重庆市美术学学科带头人
　　重庆市文史研究馆馆员

刘威
　　四川美术学院教授

孙闯
　　四川美术学院教授

申晓南
　　四川美术学院副教授
　　中国雕塑学会常务理事
　　重庆市雕塑学会副会长

何桂彦
　　四川美术学院教授
　　中国雕塑学会理事
　　中国城市雕塑家协会委员
　　中国策展委员会委员

曾岳
　　四川美术学院教授
　　全国城市雕塑建设指导委员会艺术委员会委员
　　中国雕塑学会理事
　　重庆市雕塑学会副会长

唐勇
　　四川美术学院副教授
　　重庆市雕塑学会理事
　　重庆市社会科学专家库专家
　　重庆画院雕塑委员会委员

序 言 焦兴涛

今天，雕塑的改变不可避免并且已经发生。

随着社会的发展、观念的更新和科技的进步，当代雕塑创作呈现出多样而丰富的变化，并深刻地影响到今天的中国雕塑教育和未来的方向。在经历了对雕塑本体语言的深度追求和探索之后，得益于社会历史环境的改变、国家文化战略的影响、社区公共艺术的兴起以及艺术语言边界的扩展，雕塑已经从代表"雕"和"塑"概念的静止的"名词"，变为一个不断自我生长、自我更新的"动词"。

历久弥新，这是中国雕塑教育必须认识和面对的改变和挑战。

变化体现在几个方面。首先，今天的具象雕塑创作受国家整体文化战略以及受众变化的影响，出现了在尺度上"由大变小"，在空间上"由外而内"的变化，写实雕塑作品呈现出与过去不一样的特质，"重新写实"成为新的趋势；其次，随着中国新一轮城市化进程的开启以及"乡村振兴"战略的提出，雕塑、艺术装置对于城市文化的再造重塑功能以及对于乡村传统的活化再生作用，被重新认识并激发出来，成为今天雕塑创作的重要方向；再次，国家创新驱动战略的启动以及对"工匠"精神的尊崇，为具有创新精神的新手工艺创作营造了充分的社会需求，中国历史中绵延悠长、积淀深厚的"器物雕刻"传统，有机会以当代创造的视角重新进入雕塑创作领域；最后，引人关注的还有科技的发展对于艺术的改变，在互联网、新媒体、交互技术、增强现实、虚拟现实、人工智能、生物技术快速发展的背景下，当代雕塑创作结合多种技术手段，以强烈的实验精神呈现出丰富的跨媒介创作样式。

正是对于这些改变的回应，2016年，四川美术学院雕塑系建立了四个方向的工作室：具象雕塑工作室、跨媒介雕塑工作室、景观雕塑工作室和器物雕塑工作室。确立了两年基础部学习和三年工作室学习的学制。基本思路就是从雕塑出发，以空间、时间、身体、形体为核心和内在逻辑，去整合各种艺术的边界和可能，以"雕塑+"的方式去完成当代雕塑教育的重新升级。"具象雕塑"方向强调雕塑的场景性表现和肖像创作，针对"再塑历史、重塑生活"的目标，着重于研究写实雕塑对象和内容的转变、手段的深化；"跨媒介雕塑"方向强调"雕塑+实验艺术+现代科技"，是今天当代艺术融合网络科技和多媒体发展的一个重要方向，着重于材料与观念、跨界与参与、媒体与技术的艺术教学实践；"景观雕塑"强调雕塑与公共艺术、景观艺术的深度融合，探讨"雕塑化的景观"和"景观化的雕塑"的实践图景；"器物雕塑"通过"雕塑+传统工艺+现代设计"，试图建立对中国器物雕刻传统进行再造和创造更新的路径。

新的改变、新的教学体系的建立，不仅需要新的艺术观念和教育理念，更需要新的教学内容去支撑和发展，因此，编写一套新的雕塑教学教材成为当务之急。但是，这不是一个简单的教学讲义的整理，也没有现成的教学经验可以总结，它需要传承也需要创新，需要坚实基础也需要跨界融合，这是一个共同实验的教与学的持续不断的过程。四川美术学院雕塑系70年的教学和创作，为中国现当代美术贡献了众多经典名作，取得的成就也决定了对于中国雕塑教育的责任。如何在教材的撰写上做到观念上的兼收并蓄，内容上的推陈出新，学理上的完整系统，体例上契合艺术教育特点，老师们为此付出了辛勤的努力。

如果这一系列教材的出版，在支撑川美雕塑新的教学体系的同时，能为更多的艺术教育同行提供借鉴，为众多艺术爱好者提供参照，那么，艺术教育的价值和目的——艺术共享的意义才真正有了实现的可能。

前 言

　　近年来，随着我国城市建设的高速发展，我们的城市环境设计汇聚了国内外优秀的建筑师、景观设计师、雕塑家、艺术家的大量经验。景观设计涉及雕塑、环境、建筑、园林设计等不同专业类型的跨界与融合，已经成长为城市化进程中炙手可热的设计新领域。由于雕塑家创造性地将空间、形体、质感等语汇还用在景观设计中，"景观雕塑"这一概念的研究与成果受到越来越多的社会关注，已经成为我国城市环境建设、艺术空间设计的重要力量。

　　从毕业生的就业状况调查来分析，雕塑专业毕业的学生在设计领域的适应性和竞争力更强，有关立体或空间造型方面的工作更容易上手并能做出成绩。这与雕塑专业长达五年的训练有密不可分的关系，是雕塑教学注重驾驭形体、空间以及材料的整体统筹能力和动手能力的培养结果。同时，雕塑专业主动扩展专业内涵，从雕塑的角度去塑造景观学科、构筑学术新高度，以应对社会需要并有效地拓宽了专业口径。

　　将水土树草、金木石陶等多样媒质拿捏在手中来造型，是广义上雕塑的多种语言形式的试验放到学生将来的"饭碗"里来做的新的专业理念。

　　我们设定两个目标，因不同学生的特质分别展开。其一是因城市扩张带来的景观业广阔的市场前景：新的领地不断敦促衍生新的景观，这也是艺术必须介入社会、社会催生新艺术大气候的形成。在组织外部空间造型时，雕塑家最擅长以雕塑创造两种场能：雕塑蕴含艺术的上游精神，具有可以穿越任何界限的张力；能够创造公众与之交流的自由空间的凝聚力。其二以外部空间为展场的景观雕塑，最能够持久释放这两种场量。景观雕塑以户外活动空间为对象，以艺术介入空间的方式，将造型与生态环境、传统与当代媒材迅速链接起来，使雕塑成为景观本身。在创作这样的空间艺术的过程中，由雕塑的抽象方式凝练出形体、空间和材料要素，将材料、构成，影像、装置，时光、空间塑造成一个景观整体。尝试让艺术组织信息大空间，以雕塑的方式重塑景观。由此，雕塑艺术亦由一个空间中被摆布的物件角色，扩展为在空间中更能促成对话和分享的场域形态。

雕塑专业有必要拓展其工作的领域，以开放的观念、亲和的设计，将驾驭形体、空间、材料以及工程技术方面的经验扩展到公众的景观艺术上。而只要将雕塑的概念与形式完全打开，让环境进入敞开的雕塑之中，就能改变所谓景观雕塑总是由环境对雕塑提出要求的被动状态，使雕塑成为造型景观的总体——视野中的一切所见，使雕塑成为可以游历的造型场本身、一个景观的总体。它是在公共空间中极为贴切地将当代生活同自然、文化更加融合的雕塑艺术新领域。这个概念的提出，凸显出了雕塑领域里全新的观念和景观业界的最新面貌。

这是一个质媒极丰富的时代，有足够条件让人们在科技文明进步的层面上体验到人与自然真切的对话。打开雕塑形体，让阳光与环境驻进雕塑中，由以往雕塑驻在环境中反转为环境驻在雕塑体内。将环境贴实在雕塑起伏的内壁，植入实时更新的新媒体艺术中，让流转的时光得以独特显现。将景观的节点做成时空折叠的雕塑，对雕塑环绕的视觉体验，扩展为环绕、穿越的视觉体验。

景观雕塑的课程内容依托经典雕塑的传统教学资源，以具象向抽象形式的转换所凝练出的形体、空间和材料等要素的力量与美的构成，作为造型语汇运用到景观设计中。在"当代艺术进入空间环境"并融入公众生活的前提下，保持专业课程对艺术最新资讯的敏锐反应。将实验艺术与实用美术结合起来；更好地把传统雕塑关于形体、空间研究的成果与新材料、新观念结合起来，将当代雕塑艺术观念扩展、介入景观这个建筑、园林、环境设计等专业的交叉领域，是景观设计中唯一从拿捏泥模入手，把空间作为主体来思考、塑造、设计、体验景观的有效方式，这也构建了应对造型与空间设计领域新挑战的景观雕塑专业的核心课程。

第一章

景观雕塑
概述

第一节

景观雕塑的概念

景观雕塑，是景观中的雕塑，或成为景观的雕塑，即置于户外尺度超大的雕塑。但如此定义忽视了近百年来雕塑的演进对更大空间范畴的改变。伴随 20 世纪以来艺术的不断变革，雕塑走下台座，依托大地所承载，都可以成为景观塑造的对象。景观雕塑在新观念的主导下，现代雕塑铺陈了场域建构的历史，与环境、空间造型设计等相关学科在 20 世纪 80 年代后纷纷借题而为。景观雕塑以户外活动空间为对象，将造型与植物、材料与媒质迅速链接起来，对一个区域的建构或生长形态顺应性的介入，对其活力有极大的提升。景观雕塑由此破除了景观和雕塑截然二分的认识。当环境空间成为雕塑素材时，几乎所有的有形物皆可以成为媒介的时代已经来临。

以景观的名义

景观雕塑由手中的模型来拿捏空间、形体，是把体验的主体放入微缩的实体空间中来思考、设计、感受、塑造的独特艺术创作方式，是雕塑扩展到建筑、园林和环境设计等交叉领域的一种新景观形态，是让艺术组织大信息空间，以雕塑的方式重塑景观的艺术。景观在雕塑家眼里都是有序、有意味的空间形态，其抽象经验对于拿捏形体、空间和材料要素是不可或缺的。材料、构成、影像、装置、时光、空间被塑造成一个景观整体，也是当代雕塑实践介入公共空间的重要观念。景观雕塑，非建筑、非风景亦非（传统）雕塑，而针对更大范围形质比较一致的区域，旨在表达、唤起和引发现场特殊氛围使其更吻合景象社会的格局，并积极地应对了城市化进程中的许多问题，而更具建设性。更重要的是，以艺术介入空间的方式，能够为公众提供一个与他人自由交流的公共空间。雕塑艺术将不再只是作为一个空间的物件，更是在不断促成新的艺术事件，惯常经验的每个人在这个空间中都能获得全新体验。雕塑扩展成视野的总体，是雕塑与景观双向的补充。

同时，景观雕塑作为可持续的生存空间与社区营建的一种方式，协调艺术与园林、建筑、生态科学、文化、哲学等跨学科内涵的人文与自然的动态整体系统，以当代雕塑观念主导的形体、色彩和材质在空间中引发持续的美感、情景等，最能体现艺术与自然环境协调的呼应关系。景观雕塑，是以雕塑组织景观中的形体、空间、材质、色彩等，能够完善与丰富既有样式，使景观获得象征、情景、叙事性的内涵。景观雕塑，是一个指向未来、兼具时间与生长属性的综合体，在塑造空间方面，雕塑即融入景观本身。

第二节

景观雕塑
的演进

一、景观雕塑的历史线索以及内涵与外延

景观艺术是雕塑艺术、建筑设计、园林设计和环境设计的综合体。而纵观现代雕塑发展的历史，我们不难发现，雕塑艺术不论是观念的变革还是材料的革新，都不断地冲击着景观艺术的发展，而雕塑始终处于环境中的从属地位，成为景观中的点缀或空间中的补白。实际上，雕塑在习惯上仍然被分为架上雕塑和城市雕塑。雕塑基本上还是一个配角，而非整个舞台；是一个视点，而非整个视野。随着雕塑的内涵和外延的不断扩展，雕塑和原来景观设计的对象、材料、空间、造型和尺度上没有任何差别，结合相关领域的知识，雕塑完全可以拓展出一片崭新的天地——造型景观。当雕塑成为人们可以进入的造型场景本身时，即可实现雕塑与公众的零距离。

1. 雕塑与公众存在距离

19 世纪末，在维多利亚博物馆和白教堂艺术画廊这样早期的美术馆建立之初，由于这些机构的管理权一直掌握在中产阶级手里，它们反映出了当时社会的不平等。经过近百年的演变，美术馆完全成为精英文化的标志物并被笼罩在其文化的权力之下。（图 1-1）

而许多走出美术馆的雕塑不是成为中产阶层以上奢侈的收藏品，就是兀立街头，作为一种时尚文化的象征。公众在艺术潮流之中无所适从，几乎是各种"展示"中的匆匆过客。当代许多艺术家力图把艺术从博物馆的殿堂中拉出来回归大众，最终却适得其反——艺术离大众越来越远。艺术似乎总是和公众保持着距离，只是少数人的事。这印证了六十年前，西班牙哲学家奥托格·Y.格塞持的观点："从社会学的角度讲，当代艺术的特征是把公众划分为两种人：懂得它的和不懂得它的……"[①]日本《产经新闻》企业集团作为大众传媒集团，为了振兴艺术文化，于 1969 年和 1981 年分别创立了箱根和美原高原两个野外的美术馆，在那里举办了多次真正国际水准的美术作品展，推介了很多国际一流艺术家的雕塑作品，并使不少日本雕塑家成长为国际关注的艺术家，这些展览奠定了日本雕塑与世界文化接轨的良好平台，也实现了其国际化进程中获得的重要地位。日本新生代雕塑虽然新奇并极具发展潜力，但这类作品恰恰又被这些严谨的雕塑展所排斥。因为较为"激进"的雕塑作品受材料耐久性的制约，

① [英] 爱德华·路希·史密斯. 西方当代美术 [M]. 南京：江苏美术出版社，1992.

图 1-1 《大卫》米开朗基罗 意大利 16 世纪初

不符合所谓"富士产经双年展"展览会的规定。所以，即或是世界性的现代雕塑展也存在被严重扭曲并落后于时代的作品。现在看来，通过毫无拘束的雕塑公园（如野外美术馆），展出抽象或具象的永久性雕塑风景，至少对熟悉雕塑的公众来说，很少有激发兴趣的东西。在今天雕塑公园能成功办下去的已为数不多，其中包括美国纽约芒特威尔的史托克尔（Stormkill）艺术中心以及欧洲的多处室外展示。由此，我们有必要探索新的雕塑形式，去改善艺术与公众的尴尬局面。

2. 现代艺术的发展为雕塑成为景观本身提供了可能性

从 20 世纪以来的关于雕塑造型所包含的空间、材质、尺度乃至时间意义的种种实验中，雕塑从让公众的走近发展到让公众融入其中。我们不难发现尺度越来越大的雕塑已离开基座而成为景观本身。从现代景观造型美学的角度来讲，景观艺术包括了形体、空间、色彩、质感以及生态等要素，而从艺术大师所引领的现代雕塑发展的状况来看，雕塑的概念几乎涵盖了景观造型艺术的基本要素。从雕塑到景观，实质上应该没有任何距离。也许我们需要重新审视现代雕塑发展的进程，探讨在今天能否将雕塑向景观扩展作为缩短雕塑艺术和公众距离的一种方式。

在习惯上，人们普遍认为建筑设计和园林设计是景观造型设计的主体。而以高迪（Antonio Gaudi）风格为主流的卡达兰现代主义在西班牙的"新建筑运动"，在 19 世纪末就提前验证：以雕塑的手段去塑造大型城市景观已经赢得广泛的赞许，其公众艺术精神，仍然主导着今天巴塞罗那城市设计的灵魂。（图 1-2）

著名的美国雕塑家野口勇（Isamu Noguchi），深受日本园林艺术的影响，发现土地本身就是雕塑最好的对象，创造性地以土地为塑造对象，率先将雕塑成功地扩展为景观造型。他和受其影响的其他艺术家的作品至今仍深受公众的喜爱。随着雕塑观念的不断创新，当代雕塑在环境中的影响完全可以由视点扩展为整个视野，成为景观的总体。（图 1-3）

图 1-2 《古埃尔公园》高迪 西班牙 1900 年—1914 年

1930 年，毕加索以立体主义的理念设计了一个可以让公众进入的雕塑空间，在那个时候他尝试着摈除任何再现自然的意图。在他的眼中，任何东西都可以成为创作的材料。其叛逆的个性与他非凡的艺术创造欲，使他能够对新事物做出最快速的反应，他领导并参与了几大艺术流派最早的实验，他在雕塑领域的伟大突破，对以后的构成主义、极少主义等抽象主义雕塑的形成有非常重大的意义。（图 1-4）

冈查列兹却为摆脱毕加索的影响，找寻新的表现方式而努力。他宣称："借用新的手段，向空间凸出，用空间来描绘它；利用空间，并在空间进行设计，这样，空间就好像是一种新发现的材料——这便是我的全部努力"。[1]（图 1-5）

波菊尼在《未来主义雕塑技巧的宣言》中主张"绝对和完全废除确定的线条和不要精密刻画的雕塑。我们要把人物打开，把它纳入境之中透明的玻璃、铁块、金属丝、室内和室外的灯光能够表示平面、方向以及一种新的现实的调子和中间调子"。未来主义者就是希望让作品与环境、形体与空间互相贯穿。在波菊尼的《空间中一个瓶子的发展》（图 1-6）这件静物雕塑上，传统的雕塑空间被扩大。瓶子被解体后又重新构成，但作品此时已经和介于它与环境之间的基座融为一体，呈现出一种向空间极度扩张的态势。这件仅有 15 英寸（约 38.1 厘米）高的青铜作品却能盘踞着一个巨大的空间量。他还通过其他作品的实验，验证了他在雕塑中所追求的永久价值——"运动的风格"和"雕塑即环境"，而这反倒是另一种对"未来"的预言：其"运动"波及达达主义、超现实主义雕塑以及波普雕塑家环境流派的"环境"观。

① [英]爱德华·路希·史密斯. 西方当代美术 [M]. 南京：江苏美术出版社，1992.

图 1-3 巨型雕塑 野口勇 美国

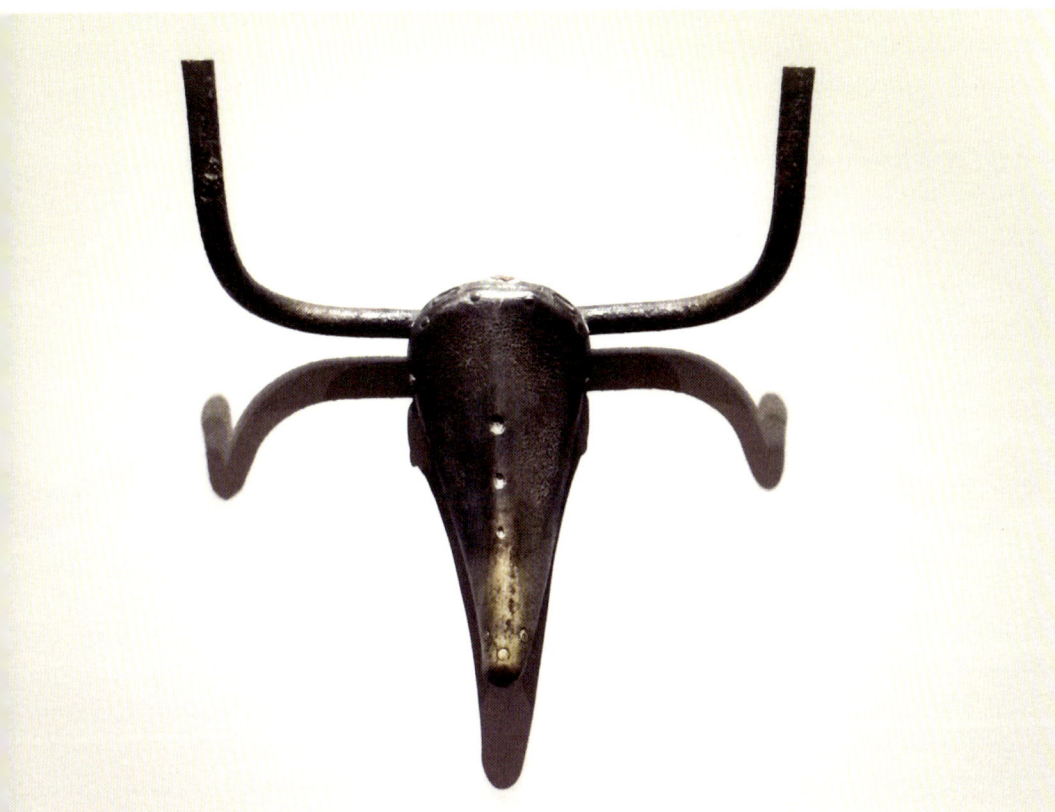

图 1-4 《公牛头》 毕加索 西班牙 1930 年

《梳发女子》

《镜前女子》

《仙人掌》

《蒙特塞拉》

图 1-5 冈查列兹

图 1-6 《空间中一个瓶子的发展》 波菊尼 意大利

　　始终坚持"开放形体"，是亨利·摩尔等雕塑家的基本观念，当空间在雕塑组织结构中的重要意义被他们充分验证后，极少主义和概念主义雕塑家怀着极大的兴趣着手进行新的实验，他们主要以像美术馆这类大而特殊的内部空间为对象。在视觉上任意两种构成元素就能使形式强有力地呈现出来，这是极少主义的伟大成就。基于他们的重大探索，艺术家们逐渐认识到形式的基本要素在构成时，必然是在分割和重组它的唯一对象——空间，其目的就是有效地控制所在的空间场所。（图1-7）

　　当美术馆的空间被当作建筑雕塑组织结构中的一个要素时，美术馆的展示功能最终受到了质疑。艺术家势必要转向户外寻找建构的对象，开始新的构成与空间的实验。艺术回到"大地"，雕塑家开始尝试在自然当中限定与重构自然的空间，以无比恢宏的尺度去建构大自然的视觉新秩序。"大地艺术"改变了雕塑只能"设置"和"摆放"的属性。

　　雕塑家罗伯特·史密森以最有震撼力的方式表达了他的天才艺术家思想，在美国犹他州偏远的大盐湖筑造了一个名为《螺旋防波堤》的巨大旋转空间。他借助大型机械，用当地的黑色玄武岩石，以堆积的这种松散方式塑造了他和大盐湖的伟大传奇。（图1-8）

图1-7 《三件雕塑脊椎》亨利·摩尔 英国 1968年—1969年

图 1-8 《螺旋防波堤》罗伯特·史密森 美国 1970 年

　　而克里斯托夫妇耗资 300 多万美金，在美国东海岸的比斯坎湾中以 800 万平方英尺（约 74 万平方米）闪光的、粉红色的聚丙烯织物与 60 万平方米的绿色海岛制作了巨大的红色《睡莲》（图 1-9），在蔚蓝色海水的映衬下呈现出了异常惊人的美。

图 1-9《睡莲》克里斯托夫妇　美国　1983 年

图 1-10 《闪光的田野》 瓦尔特·德·玛利亚

瓦尔特·德·玛利亚以荒原、大气中的闪电和 400 根不锈钢杆为材料，建造了一个巨大尺度的地景作品《闪光的田野》（图 1-10）。它以金属杆为导体，使大气在这个区域中以更高的频率放电，产生出令人敬畏的自然现象奇丽壮观，极具震撼力。这件作品的感染力仅仅靠空中鸟瞰或观看图片是很难完整感受得到的。"大地艺术"轰轰烈烈地运动如同《螺旋防波堤》以及罗伯特·史密森本人，产生的巨大影响、重塑大自然的方式以及与大自然的深情对话，为今天雕塑"重返大地"，塑造人类景观确立了一个积极的概念。

20 世纪 60 年代以来的科学技术的迅猛发展，特别是微电子学和生物技术所激起的加速变化，一方面为人类文明的繁荣开拓了有利的可能性；另一方面，又正因为它大大增强了人类改造自然的能力，扩大了人类对居住环境的影响，使之成为一种堪与自然界本身的威力相比拟的强大力量，在人类极度扩张的情况下，必然会造成严重的生态后果，并产生影响人和人的未来的极其复杂的社会问题。当"增长极限"被当作全球问题来激烈讨论时，人们已经意识到不可能长久地将人类困境转嫁给自然。强烈地对生态关注的热忱波及了人们的生活方式，世俗化的生产和消费都被认为是与自然对立的。"从根本上说，大地艺术家似乎意在重申大自然的力量及其力量的完整统一。"①

① [英]爱德华·路希·史密斯.
西方当代美术 [M]. 南京：江苏美
术出版社，1992.

　　"大地艺术"可以理解为是一种逃避传统价值观并力图挽救自然的一种人为方式。而这恰恰远离了赞助商和人群，这虽然在当时有着重大的意义，但每次都动用大型设备和消耗大量资金，像罗伯特·史密森的《螺旋防波堤》、克里斯托夫妇的《飞篱》（图1–11）等大型地景艺术是难以继续维持的。地景艺术在20世纪70年代末，其规模与当时萧条的经济状况难以对应，以雕塑名义的变革除了稍后的超写实主义以外，似乎难以再形成新的冲击。但大地艺术已经在观念上和技术上都为新景观艺术做了充分的准备。

　　岛子先生曾以矩阵转换的图式清晰地表述了当代雕塑、建筑、环境以及风景的对应关系（图1–12）。

　　从矩阵中可发现，该图式中心交汇处潜藏着"造型景观"这个艺术综合体的新概念，而景观造型艺术就是一种强调参与性，令观者获得独特体验的艺术。这反映出造型艺术在后现代语境下的一种必然趋势，而且这种趋势必定是由雕塑的发展所产生的极大推动力所致。

图1-11　《飞篱》　克里斯托夫妇　美国　1972年—1976年

环境艺术

风景　　　　　　　　　建筑

地景艺术　　　　　（造型景观）　　　　　装置

非风景　　　　　　　　　非建筑

雕塑

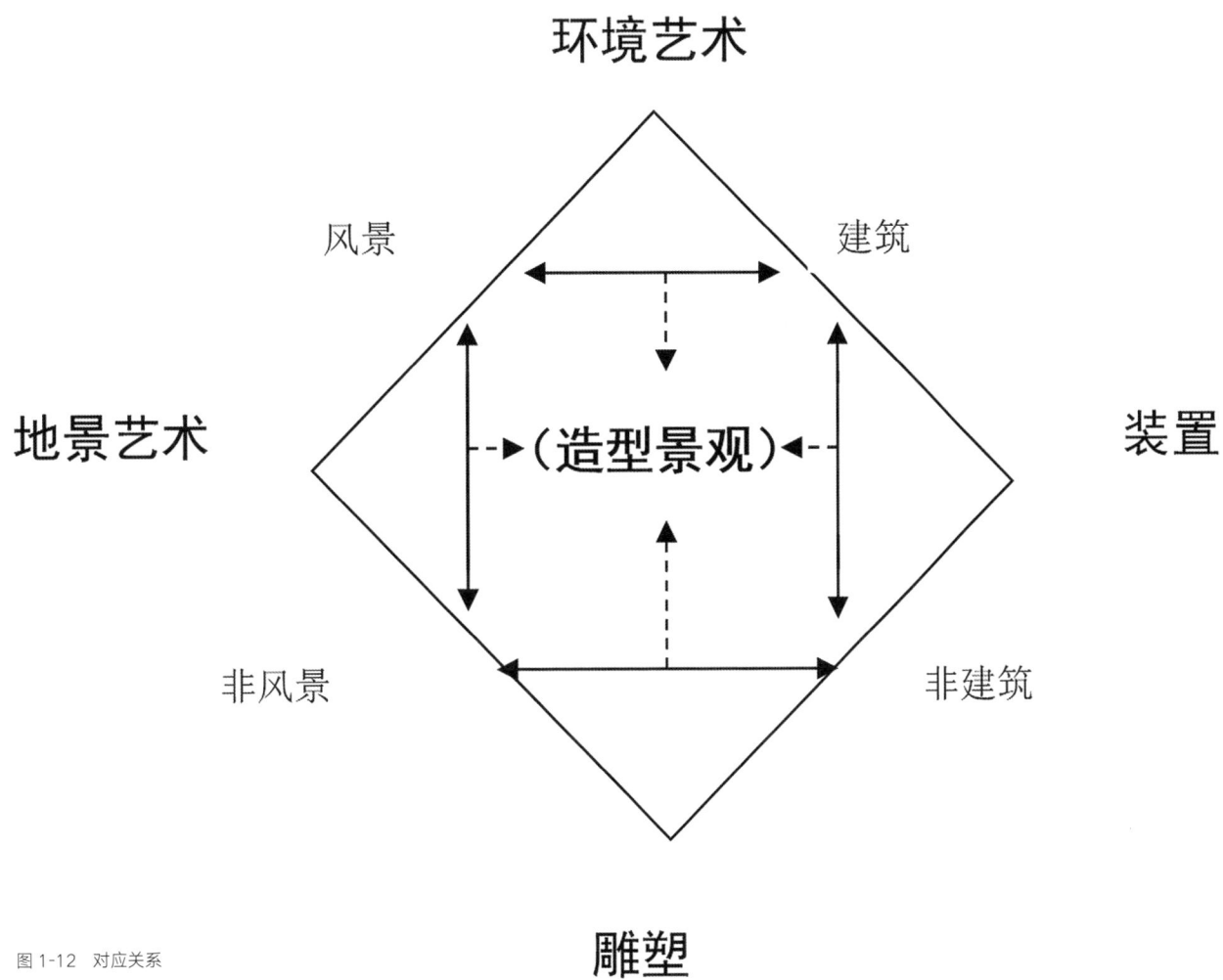

图 1-12　对应关系

3. 城市雕塑景观化的必要性

20世纪80年代，西方国家将住宅远离城市的实验计划，由于能源和交通的新问题不得不停止其步伐。发展中国家的城市化进程还在迅速地推进。城市是人类影响自然最剧烈的地方，我们不得不面对城市的扩张带来的人与自然疏离的问题。依赖城市生活的人并不甘心在一生的绝大多数时间蜷缩在那堆钢筋混凝土方壳里。每个人都需要一个疏解压力、伸展生命的空间。人们渴望生存环境的改善与心灵的关照，其关键是能否建构携带着时代文化的信息、重返自然的人类景观。

城市是一个由许多小容器组成的大容器。而景观可以是敞开、通透地铺在大地上的巨型雕塑作品。在那里，我们可以去深切地感受大自然的呼吸，体会人与自然和谐共处的愉悦。具有公园属性的人造景观可以既是城市又是自然空间相互延伸与渗透的领域。在公共园区中，当雕塑对所有有形资源加以整合利用，成为体现人文关怀并充分体现民意的景观本身，而公众又能真正融入其中时，人、雕塑、景观的距离将完全消失。这样的景观即是我们所期待的。

生态原理是造型景观的核心，人向自然学习的过程与人类历史一样久远。在地球上，人类进步的历史是一个不断理解自然生命和力量的历史。智慧仅是对简单自然法则的理解，它们向我们揭示了一种与自然固定方式更为协调的生活方式。我们生于自然、植根于自然，我们的各种举动及尝试都受控于无所不在的自然法则。所谓的征服自然，也只不过是在自然永不止息的生命和成长过程中划过的一道痕迹。以雕塑的方式，再次用自然的方法寻找并发展与自然系统一致的法则，令生活可获取自然生命力，令文化可沿着这样的轨迹发展，使我们的形体造型、形体组织和形体秩序富于意义，也令我们可重新理解人在自然中充实的和谐生活。西方对于人与环境的关系偏理性与抽象，东方则更加感性与意象。日本"物派"艺术家主张崇尚自然，对自然媒介不做任何人工方式的加工，这是对入侵自然的造景方式至关重要的修正，也是东方人性与自然调和共生的理念，反映出了"天人合一"的理想，是人造景观的核心价值所在。景观艺术毕竟不是一场露天的综艺时尚秀。塑造景观，我们必须注重它的可持续性，以最适当的方式去善待脚下的土地，才能换取长期的回报。（图1-13）

造型景观是尺度相对较大的大地艺术综合体。它与纪念功能、个人主题没有直接关系，是一种在公共园区中极为贴切地将现代人的生活同自然、文化一体化的艺术，也是一种以造型、色彩和材料在环境中起主导作用，并能整合视野中各种造型要素的艺术。（图1-14）

图 1-13 城市

图 1-14 造型景观

在自然景观和人造景观中，都存在着发现与消散、创新与消失这种双重性，其共同点就是不稳定性、可触觉性及流动性。景观设计就是一个将造型公开的、与当地情感相同化的过程，其灵感来源于对场地的激情反映。大地虽是不可再生的资源，但它是可以塑造的。土地的可塑性是可以在维系生态的情况下发挥作用的。以大地为对象的景观造型艺术，是一种理性的和关注人性的艺术作为。大地，恐怕是可能实施太空改造计划前人类艺术创造的最好素材。

在倡导"环境意识化"的同时，我们还应注重艺术与技术的完美结合。因此，我们应该全面了解土地、生态环境、外部空间等景观系统。野口勇认为，艺术家与土地的接触能使他们从工业产品中解放出来，以获得艺术创作的灵感。人是自然的人，像植物这种"材料"的季节感就最能直接体现自然的生命周期。雕塑家需懂得顺应材料的属性，去建造人性的回归之路。正如雕塑家布朗库西所说："思考的手发现了材料的思想。"如植被、泥土、岩石、水体，甚至阳光和风经过雕塑家双手糅合、塑造，就能够创造出令人惊喜、充满激情和幻想、视觉效果强烈的造型景观——自然使艺术更贴近人。

雕塑在本质上更具户外特性，阳光更是增强了雕塑的形体和空间特质，其造型与材质的自由度是建筑和环境设计无法企及的。造型景观以形式捕捉视线、以场境沁润心灵、以文化提升品格。据此，雕塑家最有条件为公众塑造最有亲和力的景观艺术。

4. 景观的公众性符合雕塑的公众利益

公共领域这一概念是根据德语"öffentlichkeit"（开放、公开）一词译为英文的。而德语的概念根据具体的语境又被译为"the public"（公众）。这种具有公开、开放特质的、由公众自由参与和认同的公共性空间被称为公共空间（public space），而公共艺术（public art）所指的正是这种公共空间中的艺术创作与相应的环境设计（图1-15）。

作为公共园区的人造景观，必须遵从公共艺术的属性。也许正是后现代艺术公共性的特质，以及城市生活的紧迫性，艺术必须遵循公共的属性，方能融入公众的群体之中。从现状来看，包括有公众积极参与的"百分比艺术"（图1-16），都还没有哪个国家有一个完善的计划能保障包含艺术家在内的公众民主的充分体现。每个人对公共性的理解都是有差异的，但自由和交流是必需的，也是基础的。并不是将艺术品放到公众能看到的地方就是好的公共艺术。对艺术家来讲，前瞻性与独创性以及对公共事业的态度是十分重要的。艺术家提供的独特视角与价值观要让更多的人接受，必须将公众性和亲和力融入新的艺术语言中。事实上，只有贫瘠的艺术，而没有艺术的贫瘠。这意味着在公众生活中，人人都有属于自己的艺术，但公众总是缺少有感染力、有创意的艺术。

图 1-15 公共领域

图 1-16 百分比艺术

以柏林20世纪八九十年代的公共艺术与公众的冲突为例，在那期间公众的抗议以及对话最终令公众对公共艺术达成共识，这似乎可以说明，公众的反对声音有时不代表整个结果必然会是负面的。因而，我们需注重的现实是，公众的接受层面仍然是有待提升的。

雕塑是一个专业性很强的艺术门类，以纯粹的形体、空间等语言来表现的方式并不为大多数人深入地读解，而通常情况下，能激发观者兴趣的内容往往与叙事性、情节、情趣和象征性等文学语言有关，这些属性仅有现实主义的作品表达得最为充分。但公众对美的感受以及参与性却是与生俱来的，像造型景观这样的无主题的艺术公共园区，对于公众而言并不费解而且有很大的参与空间，因而是最为恰当的。当然，实现大众的接纳，并不一定要折中当代艺术的品质。"艺术乃是增加感知能力的最强有力的手段，没有这种敏锐的感受能力，任何一个研究领域的创造性思维都将是不可能的。"[1]作为雕塑家有必要拓展其工作的领域，以开放的观念、亲和的设计，将驾驭形体、空间、材料以及工程技术方面的经验扩展到公众的景观艺术上来。

①施惠. 公共艺术设计 [M]. 杭州：
中国美术学院出版社，1996.

图 1-17 《倾斜》克里斯蒂娜·洛克林 法国

克里斯蒂娜·洛克林的《倾斜》位于巴黎横贯拉德方斯广场东西的轴线上，以一个东西方向倾斜的环型水泥构件将一块平整草坪打破，仿佛是转动着的地球，承载着人类于宇宙间四季的时空变幻之中。而又以失去水平的状态，提醒人们自然已失去平衡。由于地处广场重要位置，加上平缓的造型，为喜爱在上面玩耍的小孩提供了一个安全舒适的场地。（图1-17）

奥登伯格倒伏在拉·维莱特公园草地里的巨大自行车，常常被理解为是一件令人快乐的玩具，而它的的确确是该园区的主体，是活跃着整个场景的雕塑作品。（图1-18）

巴黎蒙帕尔纳斯火车站一带比较脏乱，但沙马·阿贝的《水之星》这件作品为那里带来了生机。一个倾斜着的巨大圆盘规整了那里的秩序，而洁净的大水面纯化了那里嘈杂的氛围，同时，溢落的水声消减了各种噪声。（图1-19）

雕塑景观的乐趣还在于表现方式的不同，不同历史和文化差异给作品带来了独特的魅力。如井上武吉创作的《平安之洞》，他从神社祭祀活动中受到启发，作品采用了线、下沉的面、通道以及玻璃材质的围合等对自然空间限定的方式，创作了一个可以穿行的神秘景观作品。将黑暗与光明、神圣与离奇贯穿其中。当人们游行而过时，会获得一种解脱与再生的神奇体验。（图1-20）

约阿希姆·施梅托在柏林市中心设计了一个给人留下深刻印象的作品。他利用高低的错落，形成空间形体的丰富变化和多种形式的水体造型，将塑造的、建筑的、环境的以及自然的复杂要素糅合在一起。他对造型的设计、符号的运用、材质的驾驭都别出心裁，足以令人流连忘返。（图1-21）

对于公共艺术家来说，作品能被大众喜爱就是最大的快乐，爱德华多·保罗齐在科隆大教堂旁莱茵河河畔公园里设计的《青铜积木》就不断获得称誉。春天和秋天的时候，那是一种小溪、水池环绕青铜积木的感觉，而夏天，这里便成为小孩子们在山涧溪流中的游泳池。似乎雕塑家还在不断赋予作品无穷变化的生命，使它深深地吸引着周围的人们。（图1-22）

图 1-18《掩埋的自行车》奥登伯格 瑞典 1990 年

图 1-19《水之星》 沙马·阿贝

图1-20 《平安之洞》 井上武吉 日本

亚历山大·阿尔吉拉在马德里郊外的《波状斜坡》。第一次见到它的人无不以为它是红砖外墙的公厕，用台阶分成男左女右两部分。但当你走近才发现是将当地的泥土垒起来夯实成铺满草皮的波状斜坡与周围草地连在一起的雕塑作品。它就像是生长在那里的奇妙的土堆。大人完全可以放任小孩子们在那里骑自行车冲"浪"，或玩其它游戏。（图1-23）

正是这些造型景观使我们意识到：艺术是将人们吸引过来并深深地感动他们，使他们自由自在融入其中的那种缓缓释放的潜能和激荡在心灵深处的暖流。像这些广有公众缘的造型景观作品不胜枚举，在大家喜闻乐见的形式后面无不言述着这样一个事实：艺术为零距离的努力，实为艺术凝聚力的增强。（图1-24）

艺术在20世纪的演绎，已经在技术上和观念上为新的艺术方式奠定了深厚的基础。当代艺术一直在寻找一种与公众自由对话的机制和交流方式，艺术家也需要积极思考在推动社会发展的各种力量中应承担的角色。文化多元化已经消除了专业的界限，跨领域的创造性劳动的结果会使艺术更加地平易近人，关注公众的艺术应该得到公众广泛的关注。（图1-25）

以公共领域为素材的造型景观艺术，体现了人工督造与自然的共生特征，符合持续发展的生态人文观。这几乎调和了社会生态、自然生态与艺术生态的矛盾。将视点扩展成视野，提供一个放飞想象力、舒展生命力的空间，景观艺术可使人与自然焕然重逢。以可靠的、可亲的自然为媒质，是艺术向公众回归的最佳方式。（图1-26）

图 1-21 柏林市中心 约阿希姆·施梅托

图 1-22 《青铜积木》 爱德华多·保罗齐 德国

图 1-23 《波状斜坡》 亚历山大·阿尔吉拉 西班牙

图 1-24 《包裹海岸》克里斯托夫妇 美国 1976 年

图 1-25《珐琅园》尚·杜布菲 法国 1974 年

图 1-26 想象力

二、景观雕塑是景象时代雕塑的回应
——在场域中营造雕塑空间的深度

空间本是一个物理概念，在雕塑的语境下其深度却有"非物质"特性的价值，因而在这里的关注点绝非空间某个轴长或纵深关系，探究也不仅停留在增加空间某种曲折性上。尤其是物质社会，一方面物质的潜力已有极大发现，而另一方面，与之对应的"非物质"的社会价值与美学价值应该有待深度发掘。

我们知道：空间的意义在于"间"，即隔断、限定的形式。空间主要是通过围合、分隔和划分来定义的，因为深度而存在。深度，其有效性在于纵深的展开。形态上，折叠即可以点、线、面、体等丰富的抽象限定元素生成深度空间。而通过折叠方式的空间结构划分，能够获得更丰富的时间与空间感的体验。

空间感是一种受时间因素影响的，人们对空间的感觉。空间感的本质是实体向周围的扩张，这种扩张在空间中形成一种被人感知的能量，即空间的"场所效应"。进而形成了视觉的延伸、想象等虚空间。空间因实体的出场而呈现。实体的大小、形状，实体与实体之间的关系决定了空间力场的强弱，但最重要的是空间中实体对空间的围合与分割程度。而雕塑空间的"空"，即赋予形体。对应形体语汇，空间尤为重要的造型语汇有形、张力、意义、包容、穿越、生成艺术事件等。雕塑家分割空间，在视野中构成形色质媒的"场"。广袤空间，时间无限流逝。空间给时间以形色、质感等形态，时间赋予空间意义、阅历等内容。时间为空间的刻度，事件成为时间的标注。

空间的深度以时间来延续，而时间属于分享者。空间建构中，不断延长时间在空间中的感觉，传统雕塑的做法是以情节、背景展开观者的想象空间。而现代雕塑发现了空间话语的能量，继而以可品读的形体韵致，或空间张力，或质感铺成时光徜徉的通道，以人的身体为尺度，体验空间感的奇妙变化。

现在我们正尝试一种折叠时空的方式：将形色质媒、声光影像折叠成新的雕塑景观"场维"，由多媒质迭现空间丰富的精神内涵。景观——时间以"场"的方式聚合的空间，用分享者的时间换取折叠空间的深度体验。连贯的身体带动视线的空间巡游，形成心灵深度介入雕塑的强大信息场域。

通过折叠，使多媒质在雕塑整体形的观念下生成多次元层次的景观内容。这本身就超越了雕塑的象征与叙事层面，突出景观质媒和"事件"的关联。媒介中间介质的特性，既要促进交流的发生，又不能属于交流的任何一方。折叠，也是糅合在一起的多元媒介空间，也能完成快捷交互的空间综合重构。

在这个质媒极丰富的时代，有足够条件让人们尝试在科技文明进步的层面上体验到人与自然真切的对话。打开雕塑形体，让阳光与环境驻进雕塑中，由以往雕塑驻在环境中反转为环境驻在雕塑体内。将环境贴实在雕塑起伏的内壁，植入实时更新的新媒体艺术，让流转的时光得以独特显现。将景观的节点做成时空折叠的雕塑，由对雕塑环绕的视觉体验，扩展为环绕、穿越的视觉体验。塑造内在的艺术境遇——敞开的景观雕塑，以形、色、声、光来雕琢在空间中难忘的时间刻度。

在这个碎片化、信息稍纵即逝的数码时代，开放、弹性、生长、动态的折叠空间才能聚合人群并赋予其活力。多次折叠出来的节点，如同"皱褶"的形态，是多层次、多媒质空间的构成。其富于延展的可塑性，易于生成极大的空间容量，可以展开多重的想象空间。而个人置身于这样的深度空间中，极易融合到群体并参与到交互整体性中。今天是一个信息的社会，信息已非单一线性关系，处处可见错综复杂的交织通道，交互性需要平等、及时。折叠时空是一种值得在公共空间中尝试的、与受众交互信息的方式。

"公共空间"不仅是具有三维量度、公共所属的空间，更是一种可以引发感触并交由人们平等分享的空间。由感性的艺术家来提交某种揭示多元经验的空间作品，需要凝聚大众的当下记忆。交流容易发生的空间一定是非同寻常的。在那里，因为与艺术相遇，可改变公众知性的深度。

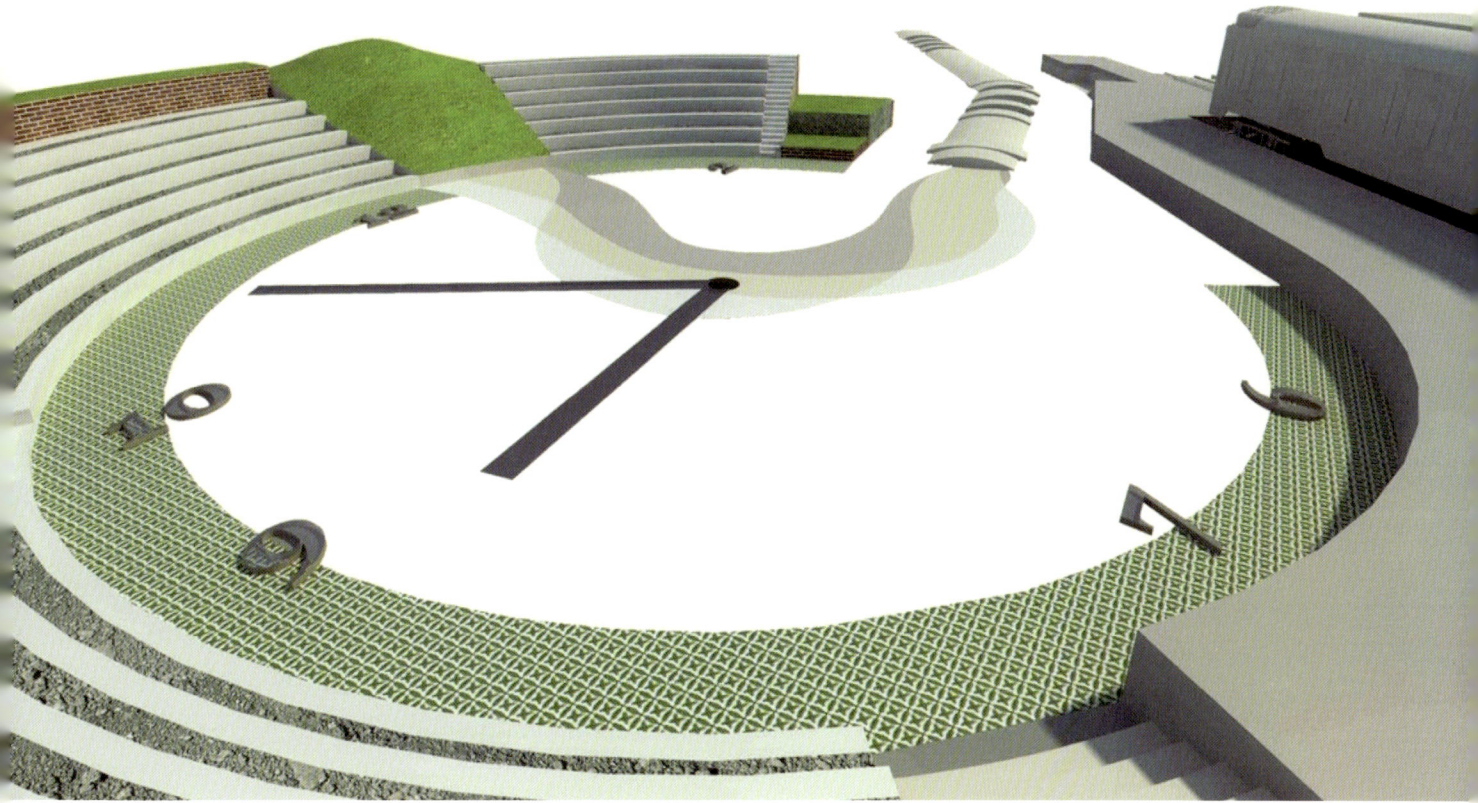

图 1-27

时间的流逝是形成记忆事件的必要条件。时间广场的出现将时空迭现的臆想变成了现实的景观，并用时代的符号再造出新的影像。可显示时间的光电装置成为整个广场中心的亮点。月台表演场地在时钟指针的偏移中，正在与参与者不断创造出新的记忆

图 1-28

烟状绿地是时间广场、烟纹理铺装和地景烟囱造型的延伸部分，是三块区域在空间和寓意上的过渡

　　《呼吸吧》将景观放置于雕塑腹中的做法，本质上是对传统环境雕塑范式的一种颠覆。它破除了景观和雕塑截然二分的认识，以艺术介入空间的方式，为公众提供了一个与他人自由交流的公共空间。参照当代雕塑艺术的探索最新成果，敞开的雕塑——"呼吸吧"，在这里，雕塑艺术不再只是做就一个空间的物件，更是在不断促成和凝练新的艺术事件，惯常经验的每个人在这个空间中都能获得全新体验。在创作这样的空间艺术过程中，材料、构成、影像、装置、时光、空间被折叠成一个景观整体。这样，在都市的公共空间里，于雕塑中拓垦景观，我们可以找到扎根的土地。（图1-27至图1-33）

　　现代雕塑已经打开了空间和场域建构的历史，与空间设计相关的学科纷纷借题而为，以户外活动空间为对象，将造型与植物、材料与媒质迅速连接起来，辟为炙热的艺术景观。折叠传统雕塑的形体、空间、材料语言和新媒体，让雕塑艺术介入信息大空间，并重塑了艺术的空间深度。

雕塑景观——《呼吸吧》

图1-29
潜艇景观造型尾部的弧形坑，是滑板运动的区域。地面涂鸦、可移动的俄罗斯方块坐凳，该区域成为"Reuse"设计理念的重点体现区域。红砖火车车厢成为攀岩活动的中心区域

图 1- 30

将黄桷坪老校区的铺装、绿地、构筑物与烟囱造型进行平面空间化的转换,如红砖、鹅卵石,强化了烟囱的地域文化特征;以黄桷坪乡村抽象为梯田造型的绿化景观,成为休憩、室外展览和信息发布场地;涂鸦墙区域主要以高低错落的红砖墙体间断围合成一个虚实穿插的涂鸦场地。外侧是具有微地形起伏的梯田造型绿地,与部分涂鸦墙体的垂直绿化及种植池绿化形成呼应

图 1- 31

小轮车运动场地的造型,来源于黄桷坪老校区的濒水地域特性,以水波浪造型为模板,进行硬质与绿化材料的混合使用

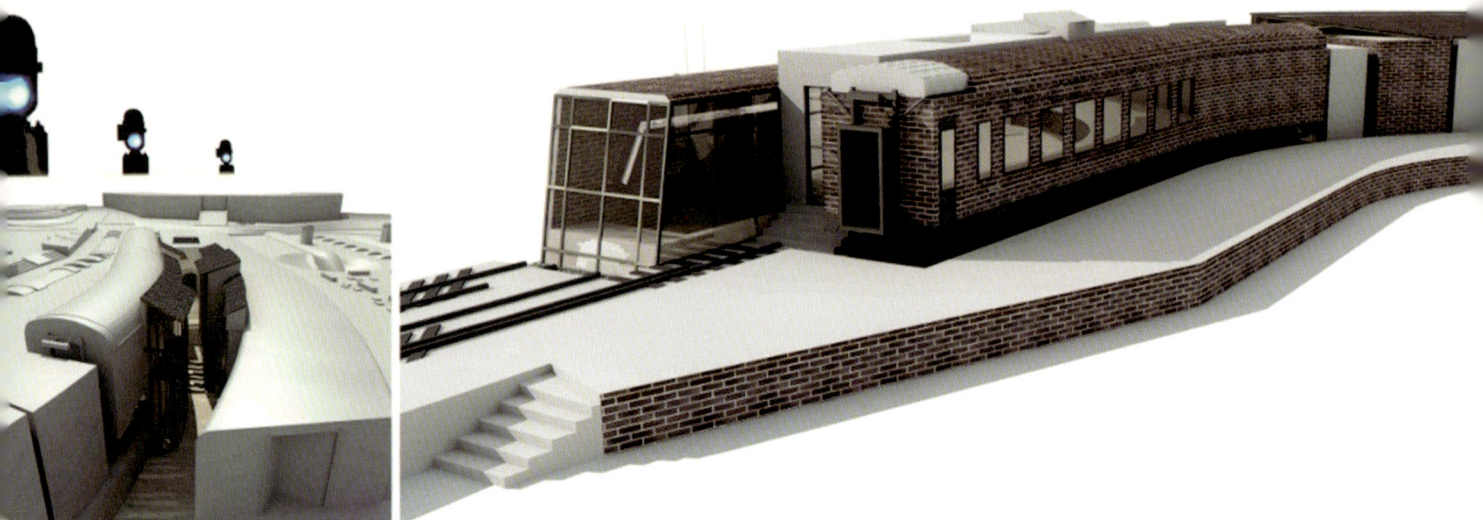

图 1-32

仅存的老街胡同，像是夹在时间列车中的三明治；火车、铁轨、枕木、江水同样承载着这个地区的文脉。茶馆、酒吧是这里日常人文风貌的写真。我们将这些元素综合在一起，创造出一种具有特殊空间气质的建筑空间

图 1-33
在黄桷树叶上的滑板游戏让我们记起
儿时发生在黄桷树下的顽皮故事。烟
囱里冒出来的俄罗斯方块落成绿阵,
一辆红砖雕塑的坦克却又轧过去,体
现了一种冲突的艺术创见

第二章

景观雕塑
创作实践

　　景观雕塑是以实体的形式语言与所处的空间环境场域来进行作品创作的。它强调作品与环境的融合，作品融入环境中，环境又反衬作品，两者有机融合，呈现出新的雕塑创作形态。景观雕塑对提高城市环境空间品质和人文艺术审美等具有重要的价值。景观雕塑按其表现形式可分为具象雕塑、抽象雕塑等；按其功能可分为纪念性雕塑、主题性雕塑、装饰性雕塑等。

第一节

景观雕塑创作
课堂实践

　　景观雕塑课程以塑造空间变换来体会和判断设计构思。立体成型过程中的空间体验是课程最有特色、最富成效的阶段。通过选取中小尺度的空间为设计场地，综合运用已经学习的景观环境元素设计方法，以形体、空间、质感为核心的景观雕塑设计语言，结合城市文脉、功能需求、环境生态理念，突出景观雕塑的空间造型及艺术魅力，独立完成一个城市景观雕塑设计作品。

一、场地

雕塑工作室、模型工作室、材料工作室。

二、设备

1. 塑形刀、刮刀、钢直尺、美工刀、木雕刀、锉刀等。

2. 泥塑转台、泥塑铁支架等。

3. 电脑、相机、3D 打印机、精雕机等。

4. 切割机、焊机、铆钉枪、台虎钳、钻机、线锯、磨机等手动、电动、气动以及小五金工具。

三、材料

1. 塑形材料：铁丝、钉子；雕塑泥、橡皮泥、纸浆泥；石膏、硅胶、树脂、玻纤布等。

2. 模型型材：PVC、亚克力、木、ABS 胶板材、线材、棍材；胶水、胶带、砂纸、砂布等。

第二节

景观雕塑
的制作过程

　　景观雕塑课程的创作实践主要包括分析、鉴赏优秀的景观雕塑设计作品，课堂研讨会和实地考察，方案构思草图，模型制作，方案设计完成几个部分的内容。通过分析、鉴赏优秀的景观雕塑设计作品，体会其设计语言的运用和设计思维的展开，并系统梳理以形体、空间、质感为核心的景观雕塑设计语言、方案设计构思及小样制作。

　　在前期的设计基地文脉梳理、功能分析及设计理念的构思、方案设计的构思基础上，可采用绘画、电脑建模、小样等多种方式表达。景观雕塑制作要求根据实地或虚拟环境将景观雕塑方案以实体模型的方式呈现，要求具有准确的比例和实样质感效果，该过程重点利用模型生成过程，完成景观雕塑的形体、空间的推敲，并且对最终呈现的质感进行模型实体表达。同时，熟悉大型景观雕塑所涉及的各种材料及其物理、化学特性和加工所涉及的各种加工设备、技术、工艺，及计算机辅助设计在景观雕塑中的应用，了解景观雕塑在实际落地过程中的安全注意事项。

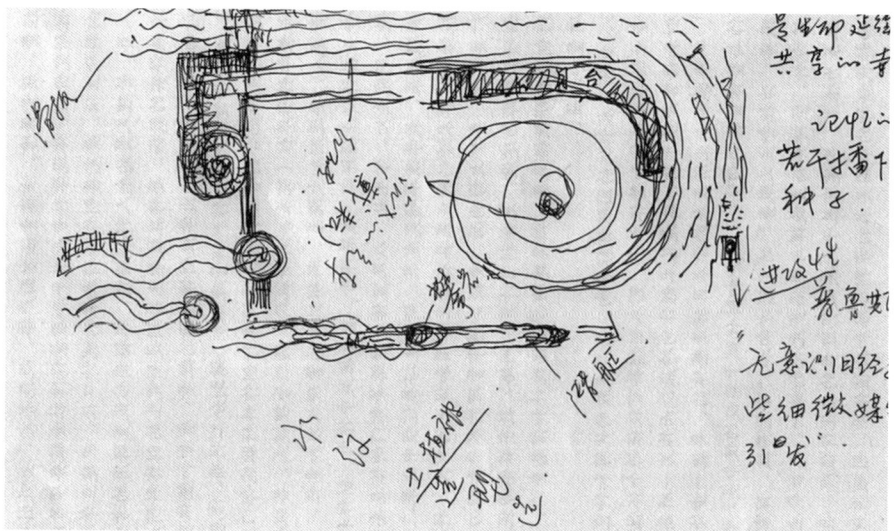

图 2-1 方案构思草图

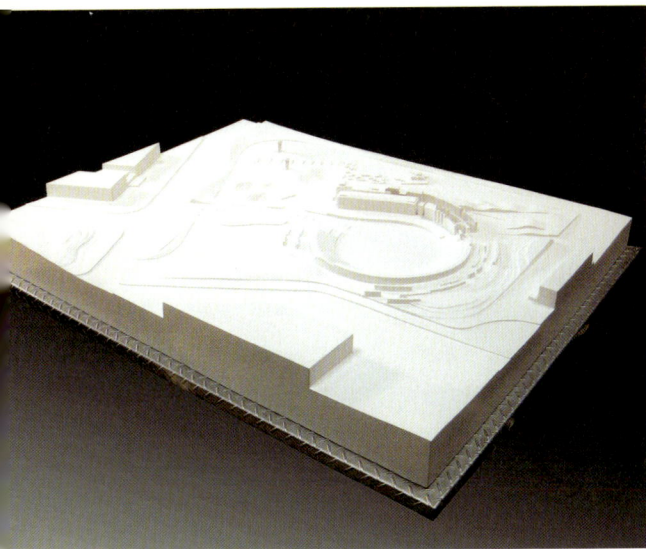

图 2-2 方案定稿

一、实地考察

通过去现场勘查，研究环境的场地现状，如环境的性质、环境的状况等。除此之外，还有雕塑的抗风、抗震性。环境条件制约雕塑家，同时也会启发雕塑家。雕塑进入环境成为新的环境因素，应该充分考虑环境与雕塑的关系，从环境的内容功能出发，确定雕塑的主题、性质和内容。

二、构思

环境雕塑的目的不仅仅是对人们生活环境空间的优化和美化。作为环境的精神代表，其主题、内容不仅仅取决于环境的功能，还应该是其功能文化内涵的集中体现。不同的环境功能对雕塑的要求大不相同。（图 2-1）

三、定稿

雕塑模型在造型、材质和色彩上比较细腻和完整地表现了雕塑落成后的情景，方便多方面检验雕塑成型后的效果，也为以后的放大加工做准备。沙盘制作应按比例缩放，尽量把雕塑位置、尺度和周围路网、街道、建筑、景观之间的关系表现出来。此阶段与放大成品的比例关系、细节处理等直接影响到成品的视觉效果，因此在此阶段要进行反复的推敲修改。（图 2-2）

四、小稿放样

小稿放样是在模型制作的基础上进行定稿的等比例放大制作。随着新技术、新材料的运用，3D 扫描、3D 打印技术因其精确的等比例放样，逐渐替代了原有的人工方式，但对小稿的制作要求较高。

此外，在具体的实施过程中，还包括运输、安装、景观环境的景观设置和灯光后期处理等。

第三节

**景观雕塑
方案与实例**

一、景观中的雕塑

景观中的雕塑需强调其公共性的可参与互动特性；从人文精神走向"生态主义"。

1.《记忆中的风景》　曾岳　杭州西湖　2001 年

这件作品最早是为北京后海而设计的，后来却在杭州西湖实施。两边的场域比较相似：已有的风景都是几百年拿捏松放的结果，任何添加都可能留下遗憾。景观有近景和远景，在空间中近景和远景里还有一个诗意的中景，而且这种空间形态添加是一种近乎透明的、景致相融而又不遮挡远景的雕塑形式。

作品是以 400 根不锈钢管与无数个红色点阵构成的一个水上漂浮物，在风中可缓慢转动。每隔几分钟或许能远远地瞥见一个转瞬即逝的红色亭子。

红色亭子如海市蜃楼般浮现在水面，似往事掩映中摇曳的乡愁，那个烟雨朦胧漂浮的梦；又似远处高楼渺茫的歌声，那种钢铁森林也掩藏不住的诗意；更似疏离难返的家园，那道记忆中的风景。（图 2-3）

图 2-3 《记忆中的风景》

2.《巢与梦想》 曾岳 北京奥林匹克公园收藏 2007 年

反向设计理念，"鸟巢"外观是往外扩散的建筑形式，外圆内方（方的赛场），网架构造；雕塑往内收敛的空间，外方内圆，实体结构。

雕塑侧面，一只鸟蹲在一个方形的鸟巢中。

雕塑正面近看，是一个女孩，依窗斜望天空，风扬起长发。远看，女孩头顶的左手，扮着一只小鸟，它像是正要飞开去……

雕塑尝试以同一个形象的不同体面处理，以一种移步换景的雕塑形式，来表现连续的情节转换。（图 2-4、图 2-5）

图 2-4 《巢与梦想》1

图 2-5 《巢与梦想》2

3. 雁栖湖公园 北京人文雕塑空间　2002 年

在雁栖湖公园，雕塑家对雕塑的公共性探讨开始向自然延伸，向大地回归。将对互动雕塑的参与同时延伸到对环境的融入体验，引申为对生存环境相互关系的重新认识上。以创造性的艺术活动，使雕塑在与自然对话、与人交流的过程中，让自然因艺术而言说。从艺术、人与环境三者关系的互动，来研究艺术公共性的特殊呈现方式。雁栖湖的雕塑作品，为观者参与作品的意义建构了相应的方式与空间，从而使观者的参与行为成为作品不可分割的一部分。（图 2-6 至图 2-8）

雕塑家们以这一系列公共艺术项目的探索，凸显自觉意识的实践价值，为国内公共艺术的发展积累了经验与案例。在天、地、人三者之间建立一种新的精神上的联系，是雁栖湖公园雕塑艺术创作对中国雕塑艺术的贡献。

4.《红色星球》朱尚熹

以红砖垒造了一个个火山口，类似远古的遗址，引发观者有探秘井盖下是另一个星球入口，还是神秘飞行器的登陆舱的强烈好奇心，以原始与科学和谐、隐喻地碰撞，使观者产生天马行空的浮想。由此去阐释作者个人的"生态"观。这一组作品运用了特定场域的造型与材料设置，具有很强的神秘穿越、引导介入性。（图 2-9 至图 2-11）

图 2-6 雁栖湖公园 1

图 2-7 雁栖湖公园 2

图 2-8 雁栖湖公园 3

图 2-9 《红色星球》 1

图 2-10 《红色星球》 2

图 2-11 《红色星球》 3

二、雕塑中的景观

雕塑在景观中的布局以一个或多个视点存在；雕塑由视点扩展成为视野，雕塑即景观；雕塑的构建材料涵盖景观中的所有元素；艺术介入空间，情景主导景象。

1.《呼吸吧》　曾岳　徐慧敏　唐艳　单丞止 2008 年

在这个现代工业化下的社会中我们需要一种艺术介入空间的方式，去有效缓解急剧城市化、抗衡社会机器对人的"异化"。空间的艺术是一种促成人与世界、与他人"相遇"的媒介，能让参与者分享他人经验，并体验到精神生命的富足感。它不再是某件艺术品所呈现的艺术家的内心世界，它不需要一个叙事性、确定性的艺术主题，它是实时偶然的视听活动元素促成的艺术事件，是一种可以将各种场所印象生成为艺术的场域造型。

四川美术学院从黄桷坪老校区整体迁移，这种新旧地域的空间骤然转换将会凝滞学生、老师以及川美精神生命的某种延续。黄桷坪街区低矮的老茶馆、入云的大烟囱、漫漫江水、重重铁轨等印记不会从川美人的记忆中磨灭，并早已渗透进艺术家的血液，成为他们艺术生命中的一部分。我们尝试建立这样一种衔接点，通过某种空间形态或者某个艺术事件，为川美在新的地域来承载自身的记忆和以往的精神生命。以《呼吸吧》为命题的景观造型，希望为我们的黄桷坪集体记忆设立一件公共艺术品，一个学生自主的活动场地。

公共空间能提供一个分享记忆的空间。在以往的主体性雕塑或者环境艺术里，只存在艺术家自己的话语和主题。而《呼吸吧》这个艺术空间却恰恰相反，出场的是参与者自己的活动，是人与人之间、人与空间之间的"交流"，在空间里，面对我们所设定的多种凝聚记忆的元素，不同社会生活经验的艺术家能找到共同的生活感受。

川美由空气污浊的老工业区迁至空气清新的原生态农区。《呼吸吧》便如其名，"吧"既是设立的一个休闲场所、一个艺术沙龙，又是一个强调语气的助词。通过"呼吸"的生存感受，能够释放出人在生活节奏下的种种精神压力和抑郁，给川美乃至整个重庆大学城以"呼吸"新鲜"空气"的"窗口"，分享自由的思想与活力。让川美甚至是大学城的师生在这个集敞开、半封闭、封闭为一体的艺术环境空间里，参与各种各样的空间和角色的扮演，在繁忙的工作和学习中，贴近大地和自然，感受人与自然的那份原初存在。（图 2-12、图 2-13）

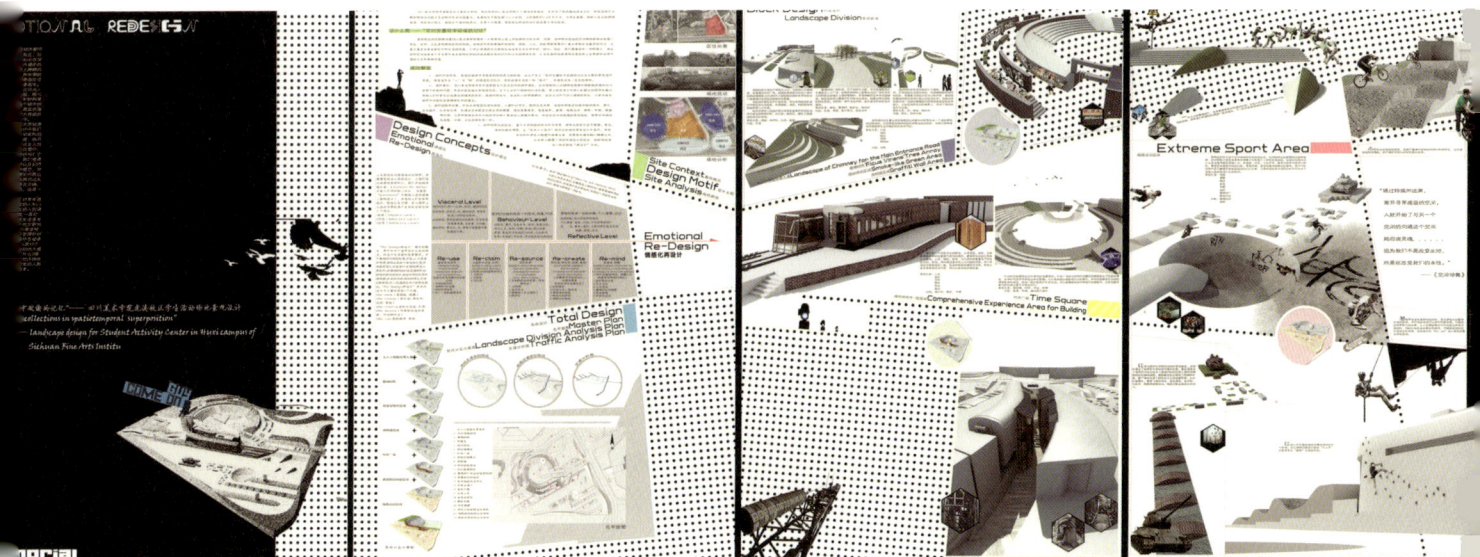

图 2-12 《呼吸吧》 1

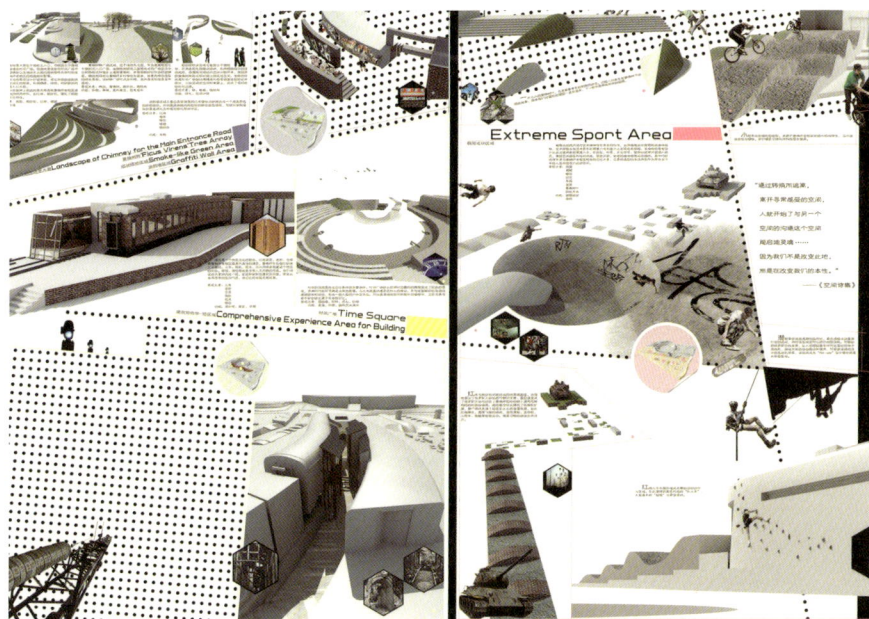

图 2-13 《呼吸吧》 2

2.《廊街》 2009 年

要在川美新校区中构筑连接各功能区的风雨长廊，需在形、质等方面妥善考虑环境原生态的延续。所有添加都应该是自在而融入的。

川东老场镇通常都是穿斗木板构造，静卧田野，门户紧邻，屋面相接，脚下青石板，头顶一线天。一镇一场，木构架串起的那种原乡原土的情节，适合在川美校园田埂池塘边演绎。

而拆去古镇沿街木板墙，老字号店面痕迹——"张打铁""李木匠""梯坎豆花""胡蹄花"……木柱和瓦面一溜排下去，长廊借古衍生成廊街。如此廊街，绵延的廊，留白的街，依然可以遮蔽风雨阳光，而风光中却晕染着袅袅乡土气息。

虚拟的场景令去上课的行程衍生成赶场、打望的情景。往事散场依旧还能重建。（图 2-14 至图 2-17）

图 2-14 《廊街》1

廊街 效果图

建筑——非建筑
廊 —— 景观

图 2-15 《廊街》2

廊街 节点图

通道 —— 连接 —— 游历
廊街 —— 讲述 —— 体验
去上课 —— 场景虚设 —— 赶场、打望

传统民居中的
一线天。

建筑——非建筑
廊 —— 景观

图 2-16 《廊街》3

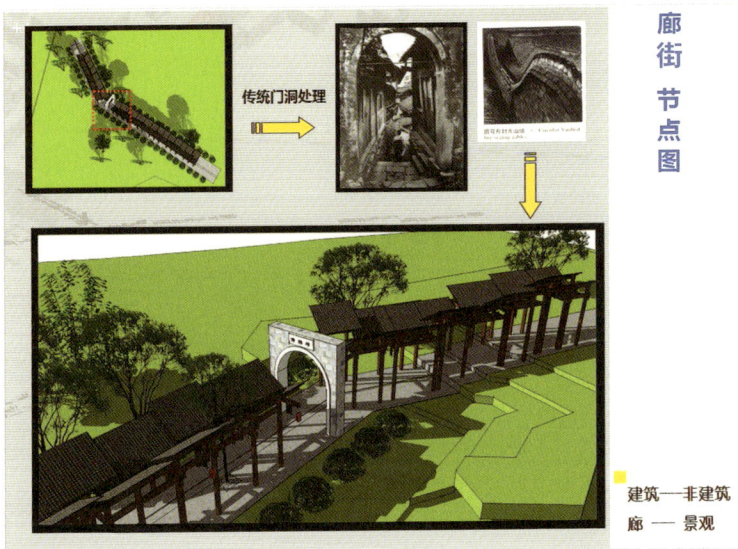

廊街 节点图

传统门洞处理

建筑——非建筑
廊 —— 景观

图 2-17 《廊街》4

3.《杭城九墙》杨奇瑞　曾令香 2007 年

通过捡拾、梳理历史碎片，使其和现代建筑紧密融合，从而体现出一种独特的古韵。《杭城九墙》的创作实践向我们展现了一个从传统中走出来的"纯艺术家"介入当代公共艺术创作的过程。

此作品与环境的关系是紧密契合的。在构图的处理上，为了具备扩展性、加强空间感，作者做了精心的组织，如图 2-18，老旧的水管在墙面的四分之一处由下至上到离顶 30cm 时伸进墙体、电风扇、电表箱的线都窜出墙边等都是为了突出空间的延展性和可读性，地脚线由左至右地做上抬处理，在有限的铺面里增强了空间感，自行车镶嵌进墙里，其中一个车把手折起来平面化，使我们惯常的视觉习惯在这里变得陌生。诸如这样的处理在图 2-19 至图 2-26 中均有独到的体现。如煤球、煤炉、水龙头，楼梯下的不锈钢镜子，旧的凤凰牌自行车，闸门上的铜帽等细节元素让静态的老墙散发出永恒的、灵动的生活气息，使雕塑的参与互动变得随意，公众在这里留影，扶扶车把手、拎拎水壶……除了能给观者留下摄影时的仿真入景的机会外，更容易勾起他们对历史文化的想象和多维度的感触。不同的人群在这里能读解不同的心灵图景：儿童以新奇的眼光读解父辈们所生活过的城市的过去，如同读史；青年人来寻觅曾经的童年和一份闲适、一分宁谧，像读散文；长者们抚摸着旧物走进过往的回恋，如同读回忆录。因此，《杭城九墙》无论从空间布局到造型设计元素的摄取和可持续的互动，在公共空间里都呈现了一种开放的姿态，成了一种活的城市文化形态。

《杭城九墙》艺术创作研究

《杭城九墙》与传统的以人物为主的城市雕塑相比，在艺术形式上具备了很强的超越性；跟美化环境的装饰性雕塑比，它显得深沉而有力，却又没有抽象的城市景观雕塑那么冷漠和令人感到疏远。它不是纪念性雕塑，却又像是温馨久远的市井生活纪念碑；它既非传统意义上的雕塑，又非当下所谓的装置；它打破了种种定义或形式、技术手段的藩篱，它非传统又非当代，却又传统又当代，很现代又很有历史感；它汲取了传统艺术中取意的一面，并用非常当代的造型方式来予以综合呈现；它完整地迎合了地域文脉特色，提取了老百姓喜闻乐道的素材加以艺术的表达，让百姓熟知的、日常的、历史的生活物品及场景焕发出一种新的生命，生发出一种重生的意境。

从杨奇瑞教授《杭城九墙》的创作作品中我们可以看出：第一，一个艺术家可以就自己的独特思考和艺术特质选择性地而不是广泛性地参与到公共艺术创作中，去延展自己的艺术思考；第二，艺术家应当以开放的姿态来表达自己对城市、对公众生活、对文化的独特关照，去创造出个性和时代精神、人文精神和自然环境相结合的作品，让作品如

图 2-18　《杭州九墙》1

同生命体成长在那里，呼吸自如，是通透的；第三，艺术家应当具备对地域文化、公共环境空间，以及公众情感诉求等因素的超常敏感和对本土文化的深沉思考；第四，在参与公共艺术创作时，作品的公共性与艺术家的独特性不是矛盾的，而是融合统一的；第五，艺术家应带有一份强大的公共责任感去表达自己的艺术个性，使创作对公众及社会有积极意义（这种意义可以分为积极唤起、热情引导、警示与黑色幽默等），并且使自己的作品具有恒久的文化价值和可持续性发展的文化品质。

《杭城九墙》由杨奇瑞个人心理体验的表述转向到关注公共环境的创作，从而在除了延续性的主题切合中山路的有机改造总体思想之外，在作品的素材造型与公共空间的关系上均做了一番有责任的"再生长"，使作品更完整地契合城市文化基因和公众价值及情感认同，生发出了老百姓内心对城市历史文化记忆的深沉思考。

图 2-19　《杭城九墙》2

图 2-20《杭州九墙》3

图 2-21《杭州九墙》4

图 2-22《杭州九墙》5

图 2-23《杭州九墙》6

图 2-24《杭州九墙》7

图 2-25《杭州九墙》8

图 2-26《杭州九墙》9

4.《对接·启程》北戴河火车站大型互动性公共艺术作品　景育民 2009 年

这件公共艺术作品采取情景化模式、多种媒材的表现形式。它用铸铁、锻造方法仿制了一列 1917 年的"老爷火车"，当有数节车厢的老式火车横亘在现代化的站前广场上时，具有一种超越时空的感受，如在讲述一个旅游胜地的历史文化故事。

这件作品最核心的概念是"穿越"。以老火车这个舞台展开最有意味的历史画卷，中国铁路第一人"詹天佑"，蒸汽机发明家"瓦特"，曾到此求长生仙丹的"秦始皇"，曾东临碣石而挥洒《观沧海》的"曹操"，以及正在用相机拍摄历史人物的游人。

车厢内"朱启钤""徐志摩""金达""康有为""梁启超"等或围坐交流，或凭窗沉思；车厢外"张学良""赵一荻"送别"梅兰芳"；园艺师"辛柏森"背着工具袋；创作团队成员吴杰充当"列车员"，正在引导人们上车；恋人"海伦·福斯特""詹姆斯·贝特兰"正牵手奔向列车；"郁达夫"与"爱妻"乘着骡子（那时的交通工具）匆匆赶向列车……

作品运用了数字技术，将历史人物以动画片的方式在各车厢同步播放，人物进行卡通化处理，以人物故乡土语配音，形成了一种中外交融、古今交融的混搭奇观。（图 2-27、图 2-28）

图 2-27 车内场景

图 2-28 作品全景

5.《午后》戴耘 2010 年

　　《午后》是为北京 798 设计的一个公共艺术作品，构想源于 798 著名的大烟囱。这里的工厂与大烟囱是 20 世纪 50 年代东德援建的工厂留下的，它们已经完成了自己的历史使命，如今这些建筑已经变身成了文化创意基地。将其转换成一个公众可以休闲娱乐的场地，既留存了大工业时代的痕迹，又让这些建筑获得了新的可能性。（图 2-29）

　　红砖在广场上砌出建筑物午后的阳光曳影，烟囱的投影掠过水面，成为一座独特的浮桥，而油气罐的倒影则被转化成人们可以小憩的娱乐低洼地。作者将人们熟悉的厂房及设施软化变形，演化出午后诗意般陌生化的风景。试图使观者在游览中或行、或坐、或卧，并在不经意间与艺术家共同完成了一次对大工业时代风景的转换和重建。

　　作为一件观者可以进入的公共艺术作品，《午后》体现了艺术家对大工业时代诗意的转换，保留了一段关于那个时代的共同记忆。最重要的是，公共艺术作品是以生活为依托，并成为沟通公众审美和艺术家意志的媒介。

景象时代，雕塑不能回避的的光媒涂鸦

图 2-29 《午后》 戴耘 2010 年

第三章

景观雕塑
案例分析

第一节

名家作品赏析

一、高迪

高迪是西班牙"加泰罗尼亚现代主义"建筑家，为新艺术运动的杰出代表性人物。在他诸如巴特罗公寓、米拉公寓等惊世骇俗的作品中，仅一座古埃尔公园就足以使他名垂青史。

1. 古埃尔公园

位于巴塞罗那郊区，高迪成功地将大自然与建筑有机地结合成一个完美的整体。作为人们休憩场所的中央广场，那些廊柱亦如林中古树、蜿蜒的小桥、道路和镶嵌着彩色瓷片的长椅等如诗一般地漂荡流动着。整座公园像一个童话世界，更成为处处能带给人惊喜的巨型景观艺术作品。（图3-1）

图 3-1 古埃尔公园 高迪 西班牙 1900 年—1914 年

2. 圣家族教堂

　　高迪自 1883 年开始主持该工程，这是他一生中最主要的作品，最伟大的建筑。170 米的塔形建筑，绚丽的马赛克拼图，如建筑自身长出来的现代装饰雕塑……挺拔的建筑显得十分灵动。这座被巴塞罗那人戏称为"石头构筑的梦魇"般的教堂多少有些怪诞，直至罗马教皇利奥十三世宣布支持建造这一教堂时，西班牙人马上便喜欢上了这座教堂以及它的建筑师高迪。（图 3-2）

图 3-2 圣家族教堂 高迪 西班牙

二、野口勇

野口勇是具有一定影响力的雕塑家和设计师，也是最早尝试将雕塑和景观设计结合的人。野口勇曾说："我喜欢想象把园林当作空间的雕塑。"他一生都致力于用雕塑的方法塑造室外的大地。早在大地艺术之前，于20世纪初期他已成功地将雕塑概念扩展到风景空间，使其作为雕塑自身的组成部分。他的景观家园就是日本景园山水与西方雕塑相遇的结果，以其纯净极致的形式语言表现了空间新的特性和意境。

野口勇主张艺术应当走出博物馆，而使生活更为丰富、更有价值、更有意义。这也许是他涉足公共环境领域的内在原因。他以乌托邦式的创作理想锤炼作品形式，忠于材料本质和完善作品的结构，以东方独特语境创作而别开生面，以几近完美的方式去凝练抽象的雕塑和景观作品。他认为，艺术家应当由对工业产品的依赖中解放出来，从自然和社会中提取元素，更容易获得艺术创作的灵感，这也是他偏爱石雕和景观设计的一个原因。他将日本文化的精髓融汇于西方现代设计之中，令日本景观在顺应时代的过程中成就了世界景观的影响与贡献。

其作品通常由精神之泉、森林之路、利马柱、金字塔、水渠、沙漠之地或者独立的墙体甚至曲线围绕的小树丛等形态组成，不同的材料、砂石墙、磨光大埋石、天然石头、水体；不同形式的几何及非几何的元素交织在一起，创造出一种令人沉思的空间效果。作为艺术家，他的景观设计作品更多地强调形式，而非实用和宜人，因此也常常暴露出其作为造园家和雕塑家两种角色之间的矛盾。以至于美国有些景园建筑师批评他的广场缺少树荫和可休息的空间，以及尺度过大使人无法使用等。其实野口勇是了解这些功能需求的，只是他更倾向于创造一个能激发人们想象与沉思的、不寻常的场所。（图3-3、图3-4）

图 3-3 野口勇作品 1

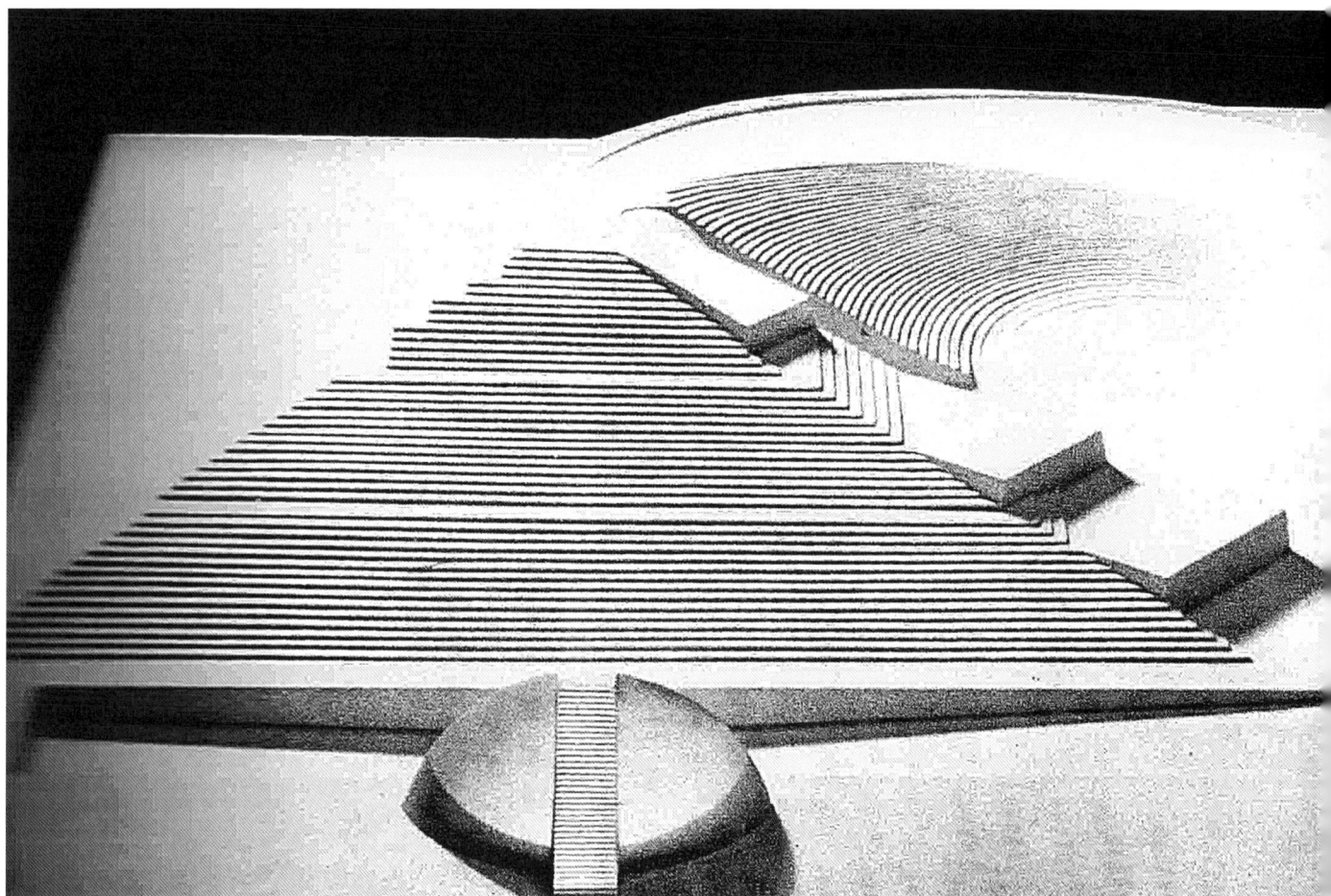

图 3-4 野口勇作品 2

三、扎哈·哈迪德

扎哈·哈迪德是首位获得普利兹克建筑奖的女建筑师，在国际建筑界享负盛名。她的设计一向以大胆的造型出名，被称为建筑界的"解构主义大师"。这一光环主要源于她独特的创作方式。她的作品看似平凡，却大胆运用空间和几何结构，反映出都市建筑繁复的特质。

哈迪德是信仰三种模式的现代主义者：其一，新的结构方式和新视点；其二，重新诠释现代主义的现实性；其三，将新的认知转化为现存造型的重组方式。她并未发明新的构造或技术，却以新的诠释方法创造了一个新世界。她以拆解题材和物件的方式，找出现代主义的根，以建筑塑造了全新的景观。

她的常用手法有隐喻、空间、理念。

隐喻：哈迪德的工作就是在建筑空间内寻找最新信息与科学的规律，整合大量信息后以新的思维逻辑去不间断地促进空间变化，最终以一系列焕发着巨大能量的"流动"空间造型并予以呈现。

空间：哈迪德设计的空间是对立统一的，如虚与实、轻与重、固定与流动、开放与封闭、结实与透明等。她在重塑自然环境的过程中产生新的空间，所以她的建筑造型是难以分类的。

理念：以复杂、异常和自相矛盾的造型表现出更新的轮廓。

其强烈的个性视觉已经改变了我们观察和体验空间的方法。哈迪德对透明、互相交织的空间所做的独具匠心的处理，让碎片几何结构在流动性的空间中建构，这比创造一个抽象且动态的美好事物需要更为繁复的努力。

如德国维特拉（Vitra）消防站（图3-5），奥地利因斯布鲁克的滑雪台（图3-6），中国首都北京地标建筑银河SOHO的设计（图3-7），广州歌剧院（图3-8）等都是哈迪德的创作。

图 3-5 德国维特拉消防站 扎哈·哈迪德

图 3-6 奥地利因斯布鲁克的滑雪台 扎哈·哈迪德

图 3-7 中国首都北京地标建筑银河 SOHO 扎哈·哈迪德

图 3-8 广州歌剧院 扎哈·哈迪德

四、玛莎·舒瓦茨

　　玛莎·舒瓦茨是一个有纯艺术教育背景的美国景观设计师。她作为景观建筑师兼艺术家，有着超过30年的城市与都市景观设计经验。即便她的作品没有得到艺术界的承认，但并不妨碍她获得设计界高度认可的奖项和荣誉。

　　在风景园林的艺术与科学两者的关系上，更凸显了其艺术性。玛莎的作品所采用的材料远远超出了普通园林师的想象，她基本上是采用来自五金店及庭院的用品，诸如陶罐、彩色沙砾、塑料植物、人造草皮等。甚至是不起眼的材料，却被玛莎运用自如，并因为其独特的审美和艺术价值被人们所接受。对波普艺术的兴趣深深影响了她对这些材料的运用，普通材料与废弃品那种悖于传统审美的特质深深地吸引着她。材料应用的局限性会限制概念思考，不因惯用的材料和手法限制设计思维。反主流艺术的观念常常主导着她的设计。与一般风景园林的持续性不同，她似乎是执意用这样普通、世俗、甚至是唾手可得的材料来构筑景观。她使平凡的材料超越平凡，使其不断冲击传统的价值、惯常的设计以及我们的惰性设想。

　　玛莎十分注重情感的交流，从影响文化的角度，在探索本质、纯粹、基本的东西时，必须促进作品在情感上、感觉上和思想上的交流。这在她的金县监狱庭园、史努比花园等设计中得到了充分体现。

　　怀特海德学院拼合图采用纯粹的塑料植物代替了我们通常所真正使用的绿色植物，整个园林用绿色的塑料泡沫进行铺装设计。这样的设计思想在她的作品中并不少见，她的轮胎糖果园用若干个大的彩色圆圈放置在打有方格的草地上，这样简单的装置加之简单的摆放，更是让人觉得出乎意料。树、草、花、路灯、坐凳等，这些似乎我们认为最最普通基础的设计想法在这里并不被体现，仅仅是彩色的圆圈，仅仅是草地上的大方格，这样的设计似乎让我们觉得难以接受，但是当我们从高处看时，就像是薄荷糖圈在草地上的大装饰，会带给我们不一样的感受，清新、明快、童真，似乎是一种难以言表的全新感受。（图3-9）

图 3-9 怀特海德学院拼合园 玛莎·舒瓦茨

第二节

学生作品赏析　　一、怡湖广场景观雕塑设计

2002 级景观雕塑　李操　向江天　杨浩

怡湖广场景观雕塑的构想：主体游泳馆外形被设计成一件巨型雕塑。那个带有梦幻色彩的造型有段错位，显示那里似乎存在一个切面，与环境中散落的许多立面造型相呼应，体现了场所中无处不在的关于记忆的片段感。设计小组在"镜子"中运用了建筑形式，将过去的建筑、现代的雕塑注入未来的景观造型之中，对应了时间、空间运动，是一件场景中对象、映象、情景转瞬变化的介入型作品。而设计的"诗话空间"，又是一处胜景：似碑林的处理手法，在"竹林间"时时都能觅见诗人流沙河的影子。最富有诗意的作品《水中长椅》体现了都市中可望而不可及的安乐与闲适。（图 3-10、图 3-11）

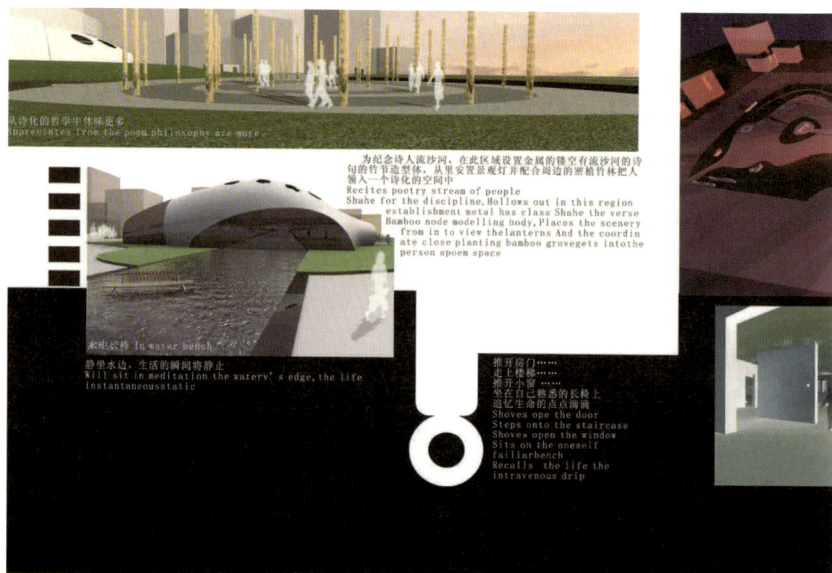

图 3-10 怡湖广场景观雕塑设计

图 3-11 《水中长椅》

二、燕儿岛山的景观设计

2002 级景观雕塑　夏轲 岳雷 李垒刚 刘伟

　　燕儿岛山的设计方案在青岛奥帆赛基地的自然文化轴线上，最闪亮的是关于儿童游乐场的设计。设计小组将"海"的元素弥漫在整个场地。贝壳、七彩的海在这个不大的环境里充满活力，奇妙的设想倾心在快乐、亲和的造型里。将愉悦与梦想包裹在景观的怀中。（图 3-12 至图 3-14）

　　从怡湖广场和燕儿岛山的景观设计可以发现，学生们对城市景观造型的毕业设计已经超出圆雕和浮雕的概念，其灵感的影响力已经推及了更宽广的领域。

图 3-12 燕儿岛山的景观设计 1

以海洋文化为设计要素：
1.入口贝壳型游戏喷水广场，以贝壳为造型要素形成空间围合，儿童可以在其间做穿越游戏；
2.梦幻彩色路，以彩色陶瓷瓦片为铺地配以植物。色彩活泼；
3.石头小人桌椅，可供儿童游戏休息。
4.海螺室外酒吧；
5.开放式商业场所，供游戏、餐饮、休息。

儿童娱乐场所：
1.该场地铺装强调欢快色彩，符合儿童活泼好动的心理，布局上采用动静结合的手法；
2.造型别致、神秘，符合儿童的好奇心理；
3.广场上专门设有儿童和家长休息与娱乐并行的石头小人桌椅，为他们提供休闲等待；互动交谈的场所，强调设计感。也体现出了人性化的设计历练。

山体设计：
为了避免破坏环山体绿化，道路设计上考虑以灵活自然为主，与儿童娱乐广场设计一静一动，形成对比。以人行道路两边铺设和两旁摆设的设计作为引导人们行走和观赏的标识。环山公路提供晨跑，大型灌木与草地的结合形成层次，既保护了绿化又简洁明快。

水体设计：
以燕儿岛山瀑布为主题水体。配合中心广场和西边的水池形成三个水体体系。
1.西边水池，安静柔和，引导群众；
2.中心广场水景，休闲娱乐，吸引儿童；
3.瀑布水流，动态分层。
动静结合，美化环境

图 3-13 燕儿岛山的景观设计 2

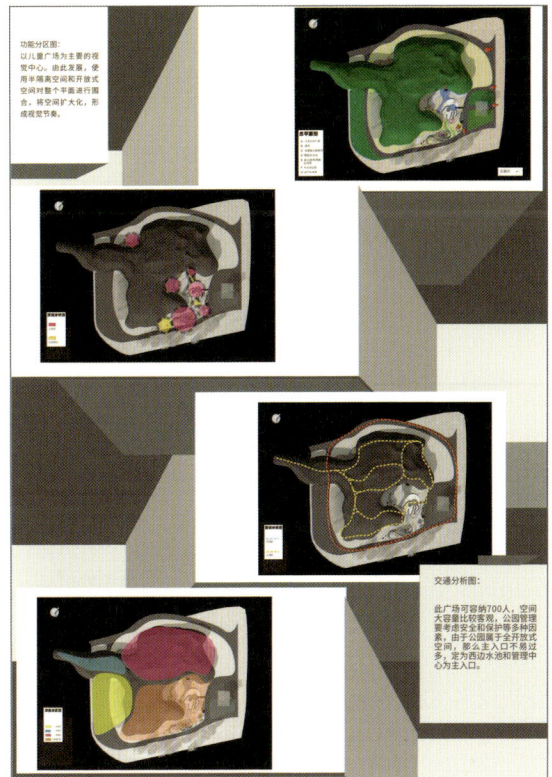

功能分区图：
以儿童广场为主要的视觉中心。由此发展，使用半陽高空间和开放式空间对整个平面进行组合，将空间扩大化，形成视觉节奏。

交通分析图：
此广场可容纳700人，空间大容量比较众观，公园管理要考虑安全和保护等多种因素，由于公园属于全开放式空间，那么主入口不易过多，定为西边水池和管理中心为主入口。

图 3-14 燕儿岛山的景观设计 3

三、《幽游幻境》景观设计模型

2003 级景观雕塑　徐嘉翼

　　结合整体，以多个游戏组合与现场地形以及与自然景观相结合的形式，满足功能与设施需求。在景观上，以动——游戏景观、静——自然景观相结合的方式来展现，营造出了一种科幻虚拟的游戏世界，让观者有一种身临其境的感觉。

　　主题公园是现代人创造的一种娱乐形式。该设计以游戏的形式贯穿整个公园，让特定的游戏场所与自然景观有机地结合在一起，可体验一种游戏、自然与人完全融合的空间感受。（图 3-15、图 3-16）

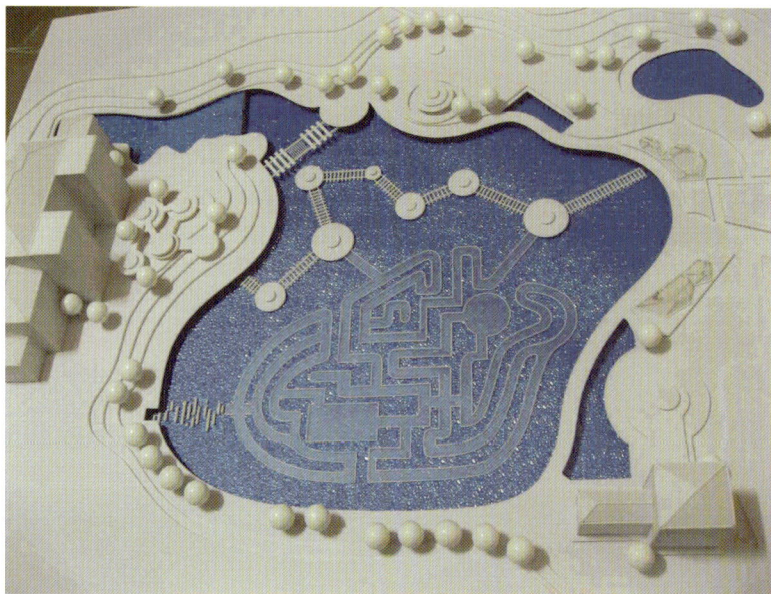

图 3-15　《幽游幻境》1

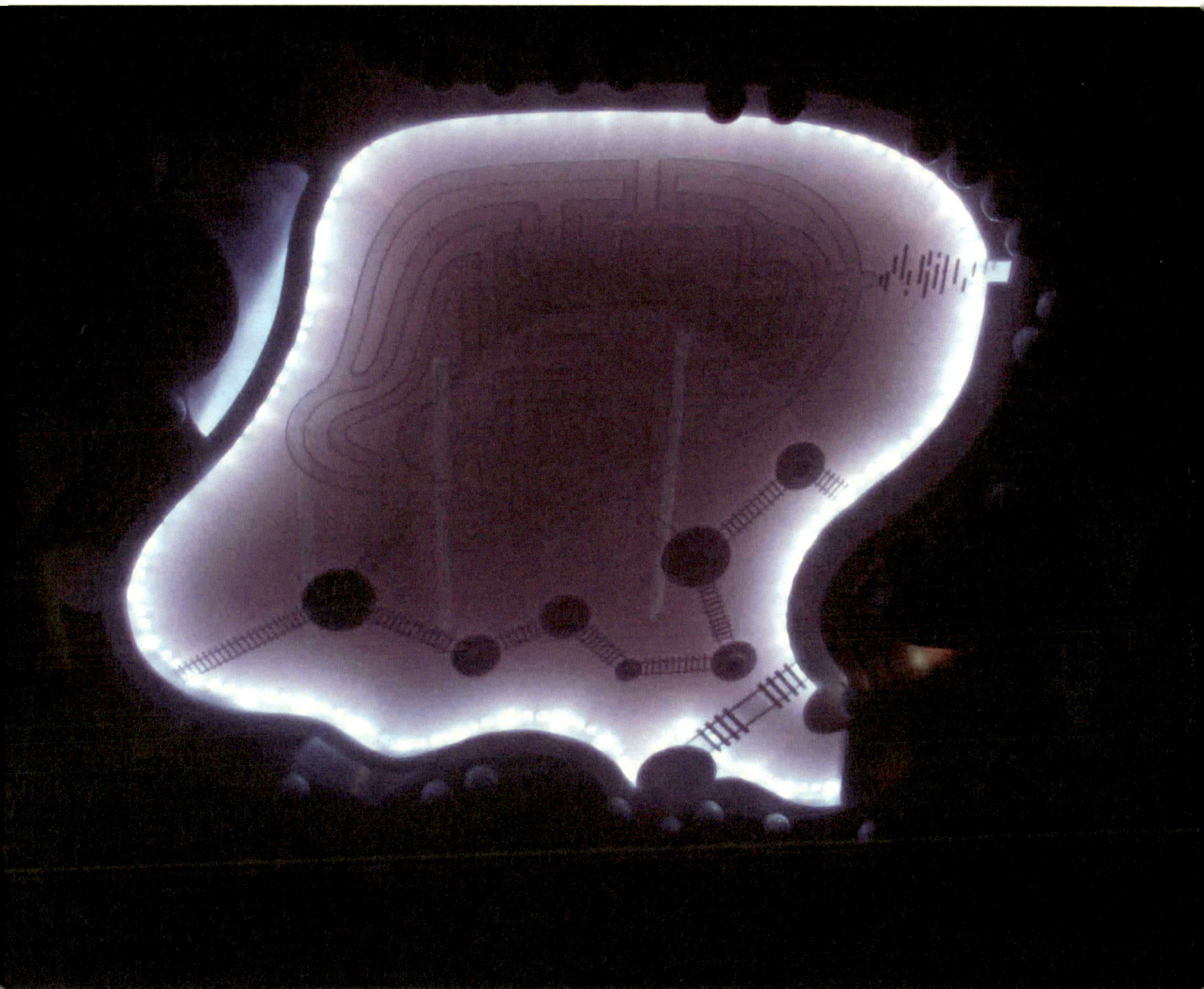

图 3-16 《幽游幻境》2

四、《悬浮的草地》城市中心广场景观设计

2004 级景观雕塑 刘航

在具体案例分析中发现，光在景观雕塑设计中是不可或缺的景观元素。没有光线的作用，视觉中的空间概念无法形成空间的精神感受。现实中的景观空间造型由实体和光共同作用形成，光勾勒出物体的实在轮廓，并形成阴影，强化了空间的深度感。光与实体空间的辉映能加强彼此的存在。光是主导景观雕塑空间次序的主角，不但丰富了空间视觉的多样性，还会在必要的地方形成独特的虚拟空间。光令空间存在于人们的视野中，具有改变空间的神奇力量。因为光的交织，空间更富戏剧化。

《悬浮的草地》设计围绕着能飞起来的草地展开，是整个广场的视觉中心。它没有任何的柱式轻量构架，使巨大的草坪犹如有了生命力，如彩云出岫，巨大的曲面草地，祥云轻笼在广场中央。草坪下用蓝色发光二极管 LED 地柱灯铺设，蓝色光融入夜空，营造出太空的奇幻效果。（图 3-17 至图 3-19）

图 3-17 《悬浮的草地》1

图 3-18 《悬浮的草地》2

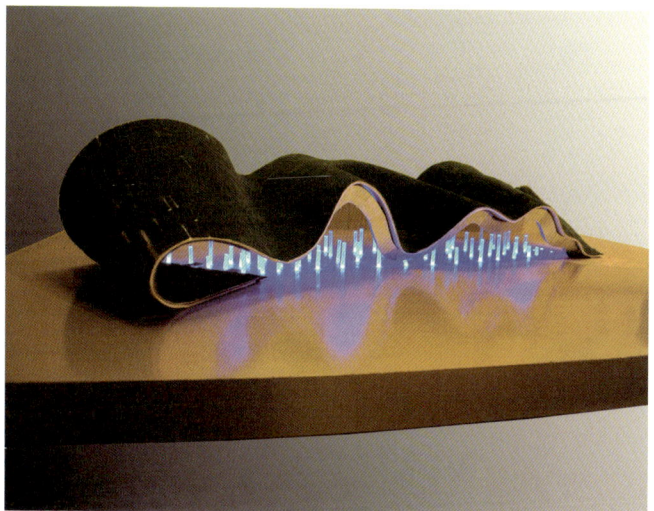

图 3-19 《悬浮的草地》3

五、《旋转空间》景观设计模型

2005 级景观雕塑 杜丹

运用雕塑的理念，将下沉通道采用放缩的视觉形式和黑红台阶交替出现，加强了其纵深感（充分占有空间）；整个构图采用一波三折的通道引导观者视觉进入主题空间，旋转下沉的主题与旋转上升的螺旋柱形成对比，一上一下，加强了其竖直方向的纵深感。引导观者介入其中，可获得奇特的空间感受。（图 3-20、图 3-21）

图 3-20 《旋转空间》1

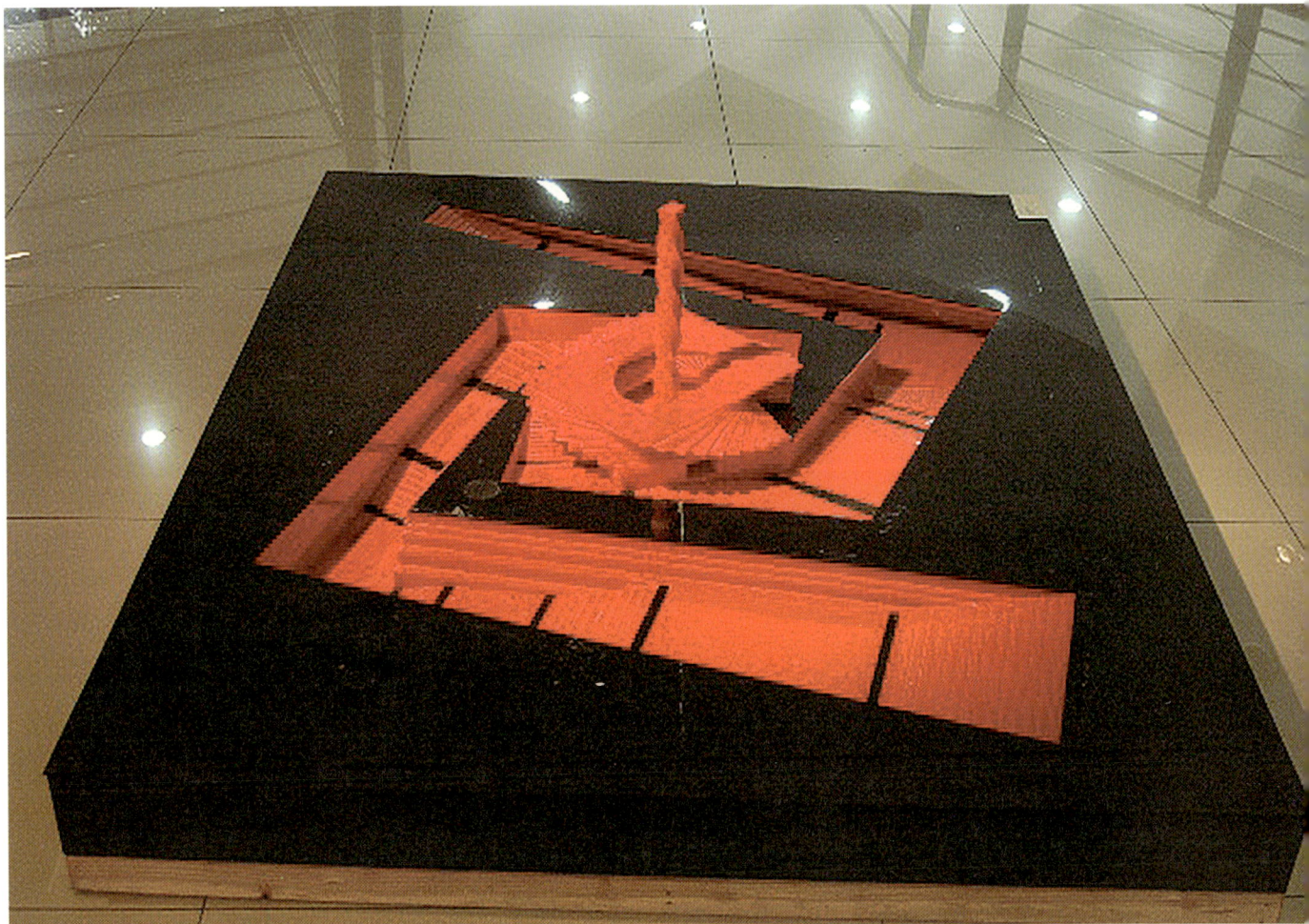

图 3-21 《旋转空间》2

更多景观雕塑视频

六、《青年自助景观社区》景观设计模型

2006 级景观雕塑　葛平伟

　　该景观雕塑设计融合建筑空间，提出了"青年自助景观社区"的概念，这是对景观雕塑的一种转换。景观雕塑除了雕塑、建筑与景观的互相融入之外，它们三者之间还存在着点、线、面与空间形态的联系，是一个整体。这种合一存在，景观不是突兀而孤立的。

　　此创作将景观、装置、建筑多维嵌合，它消融了以往对公共空间中景观、装置、建筑清晰分割的界限。三位一体构筑的创新性社区空间形式，较之传统固定的居住社区，代以景观、装置、建筑统一的形态，成为自助景观拼合、自助机械装配、自由生长的建筑形象，创造了一种移动居所功能和乐活方式的理想青年社区。（图3-22 至图 3-24）

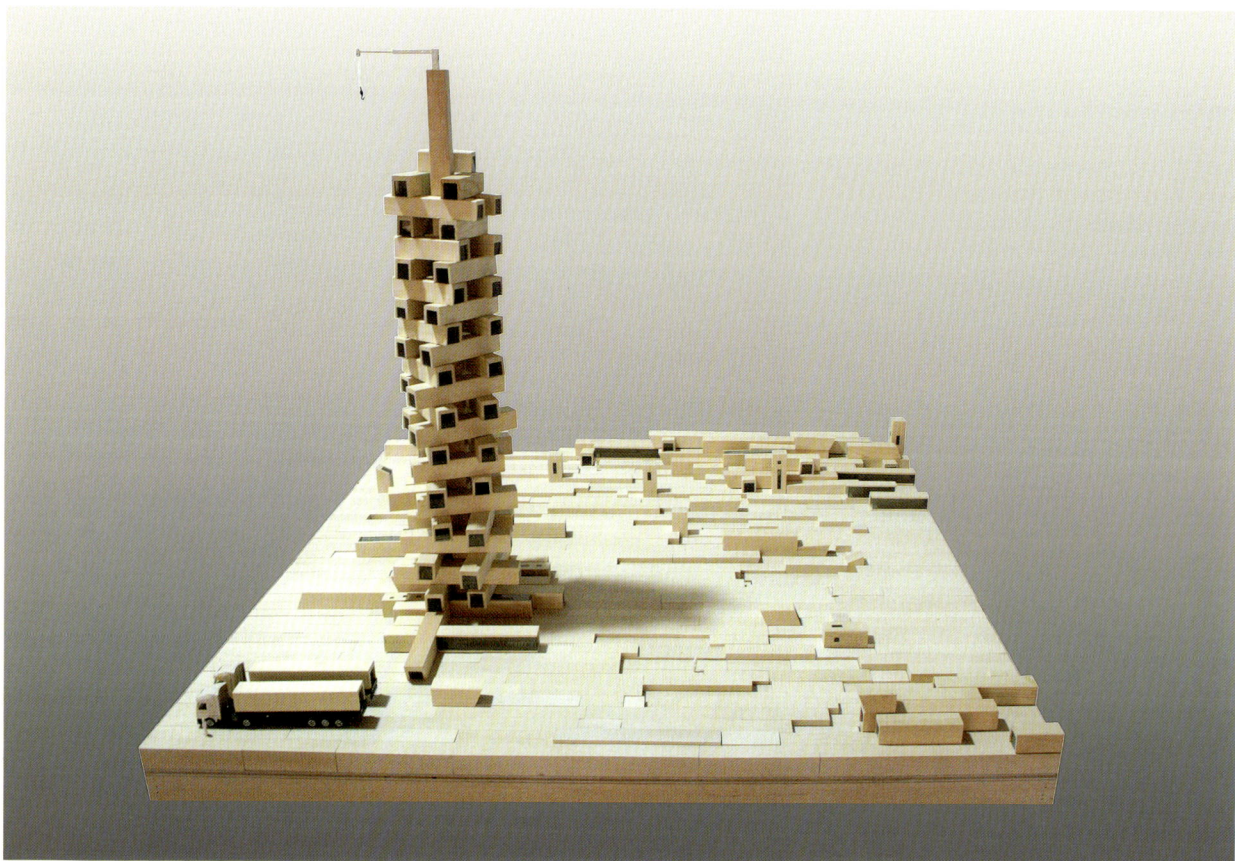

图 3-22《青年自助景观社区》1

图 3-23《青年自助景观社区》2

图 3-24《青年自助景观社区》3

七、《场》景观设计模型

2007 级景观雕塑 张超

　　作者以一种悠久的情怀、超现实的梦创造了奇象场景。他转紧了马头琴上的弦轴，呼麦声，在苍穹之巅、瀚海之底、大地之边，震落，一滴牛奶泛起了幽蓝的梦。（图 3-25 至图 3-28）

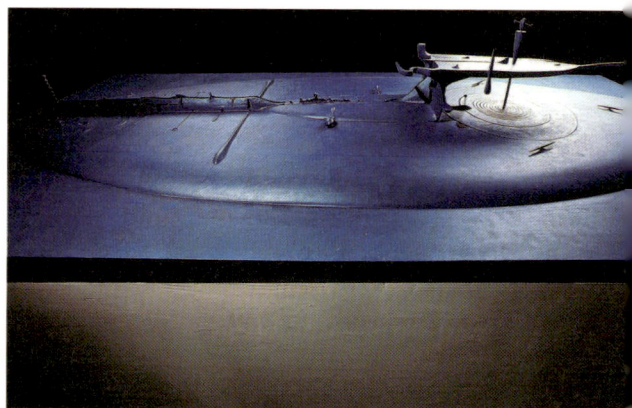

图 3-25 《场》1

图 3-26 《场》2

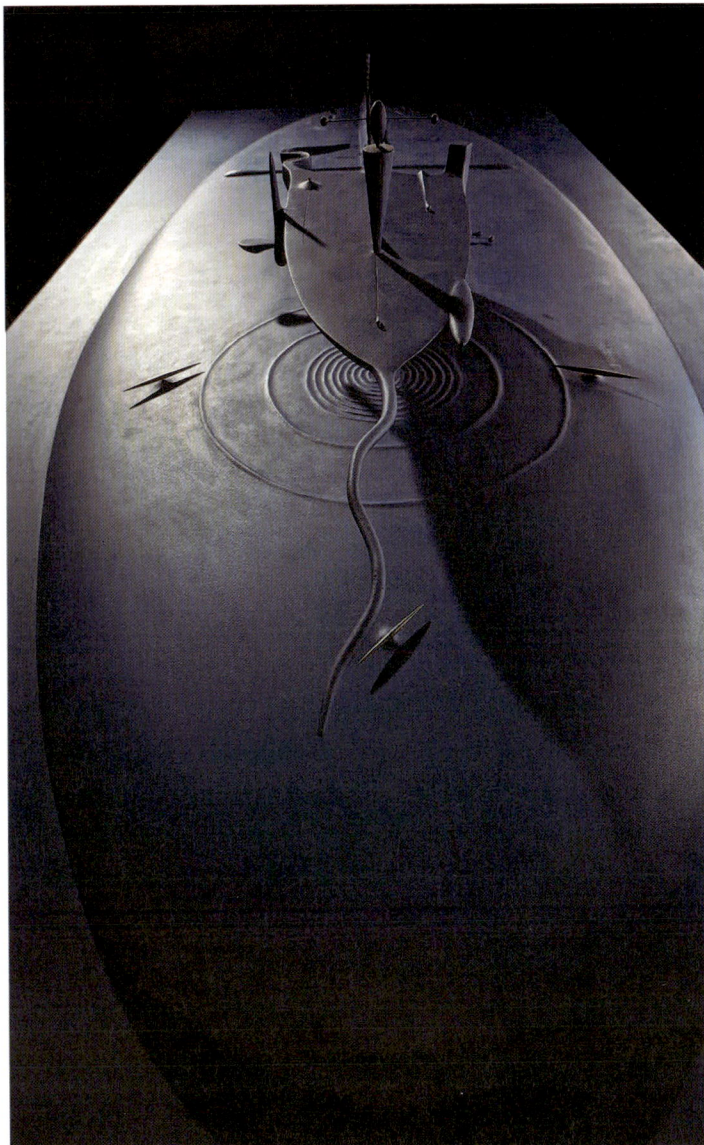

图 3-27 《场》3

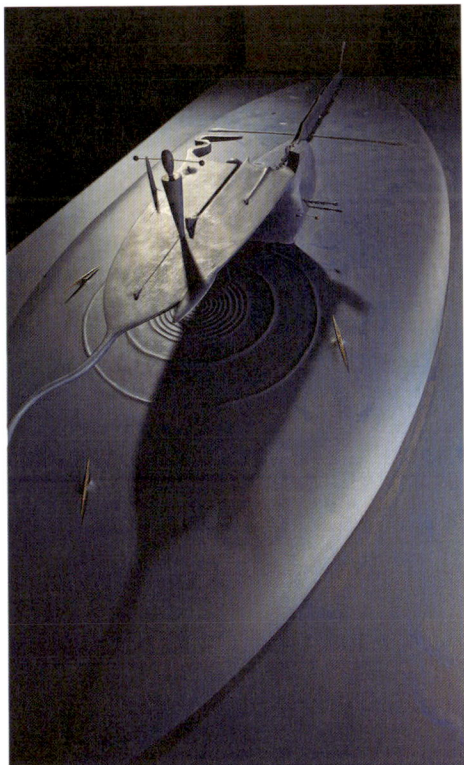

图 3-28 《场》4

八、《水景》景观设计模型

2007 级景观雕塑 杨寒凌

　　《水景》是一个漂浮在水面上的创作，是模拟一种"水"的形态和质感来置换所有人关于水的记忆和经验，能行走在"水"上，对所有人都有吸引力。三角形的竖井以及棱形的立柱都可使观者突生好奇心并产生一探究竟的强烈愿望。（图 3-29）

图 3-29 《水景》

九、《光景》景观设计模型

2008 级景观雕塑 陈沿均

　　作品以激光的衍射，在形态相映成趣的空间中生成整块的亚光宝石绿玻璃体的材质感。一种简单的设备，却惊奇地将宝石绿融于衍射空间中，令人获得困惑不解的"光景"神奇体验。（图 3-30）

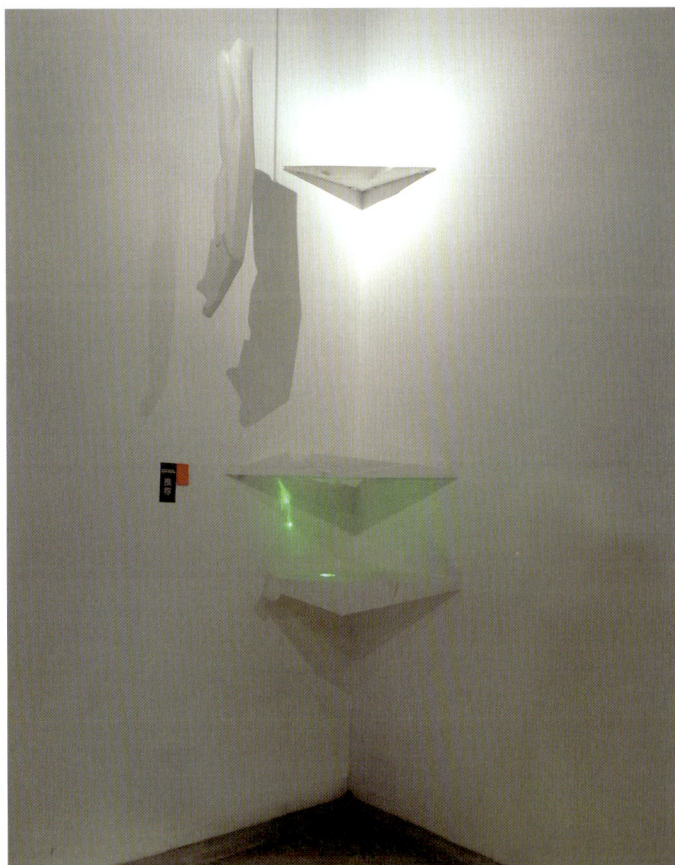

图 3-30 《光景》

十、《影之景》景观设计模型

2008 级景观雕塑 赵婧

　　作者给了影子一个有空间、体积、质感的形态，创造了一种与影子奇遇的场域，一种超现实中的迷离之景。主体物是可以触摸的"黑影"，这种真实的"黑影"与其真实的投影区别，形成了辨识矛盾交集，成为建构全新审美价值和提升个人知觉的有趣尝试。（图 3-31）

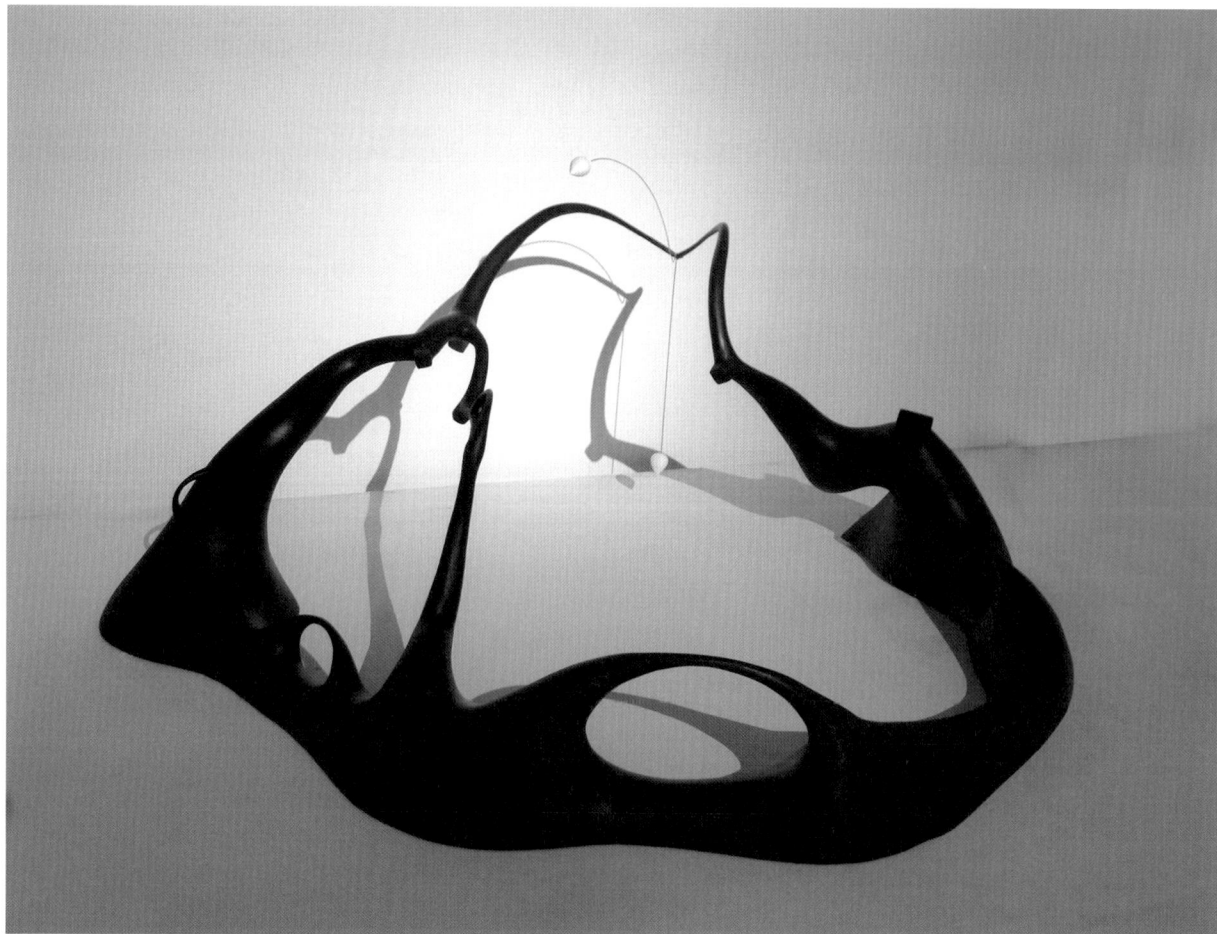

图 3-31 《影之景》

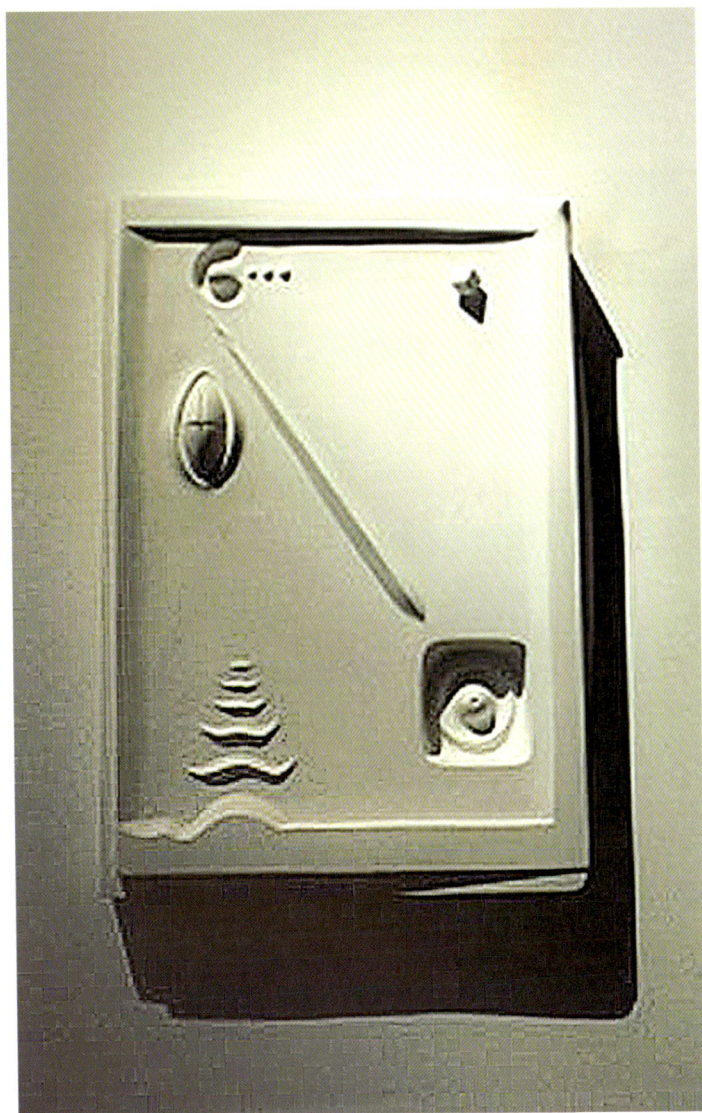

图 3-32 《无意味的形式》1

十一、《无意味的形式》

2008 级景观雕塑 邓跨麒

　　图 3-32 给人的第一印象是一件沿着野口勇的雕塑语言推衍出来的景观雕塑，图 3-33 带缝隙的盖子让设计延伸为对"器"的关联，使作品有了装置的意味，仿佛掀开了一个隐修已久的禅景盒子，一缕云静静逸出。

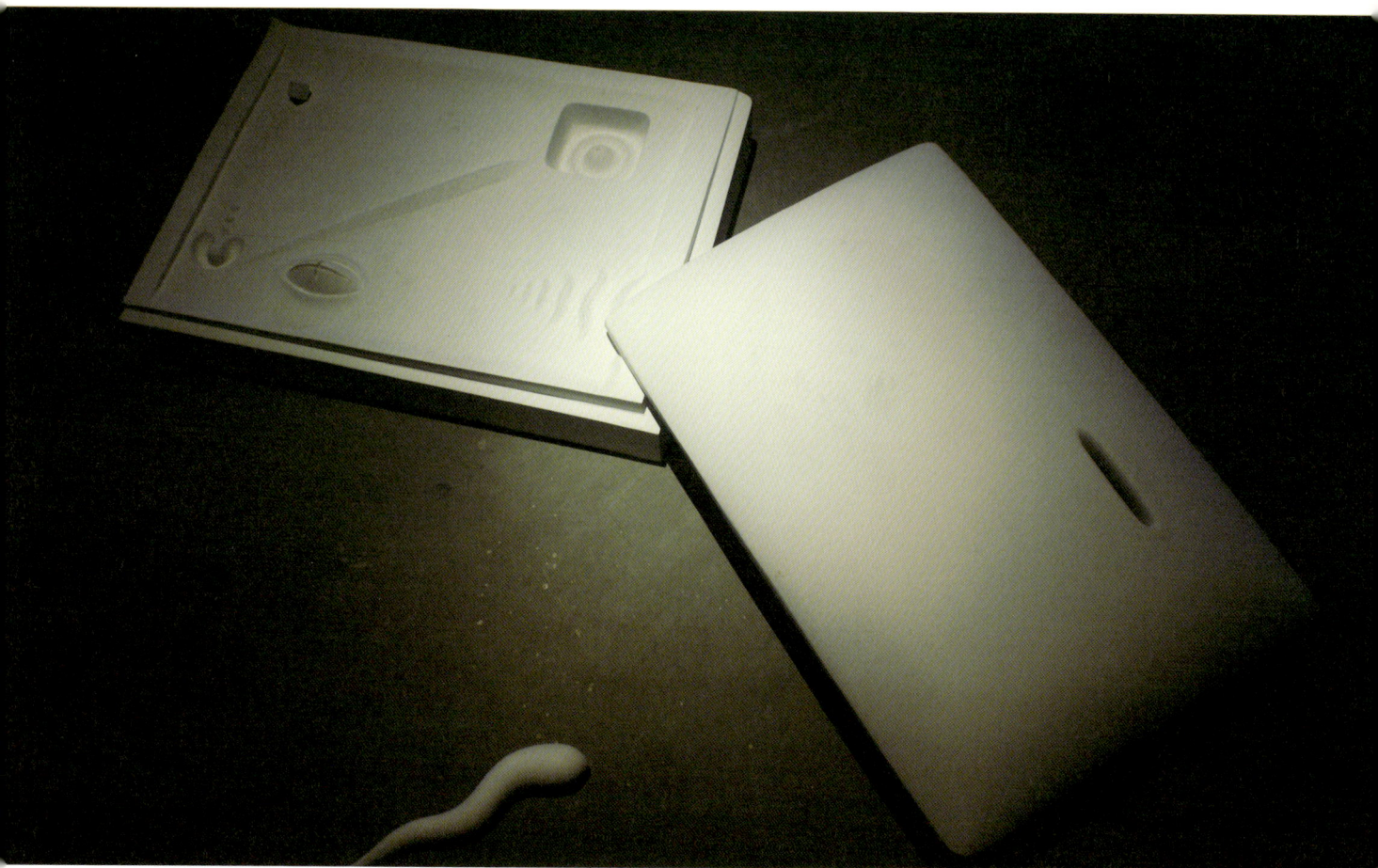

图 3-33　《无意味的形式》2

十二、《发光的梦想》：公众参与艺术计划——"让光照亮你的梦想"！

2009 级景观雕塑 巫国源

　　将一件公共艺术作品以一个熟悉的符号介入平民百姓的公共空间之中。它的存在是希望改善空间的亲和力。作品以变幻的通透感、温暖的颜色，以及斑斓的灯光和容纳的泡泡空间设计，做出令雕塑走出美术馆而亲和于人的姿态，在户外显得精彩而闪亮。这个灯泡不仅外观"好看"，它还有一个可以进入其内部往外"好看"的炫酷如梦的空间，能给人带来极强的视觉与刺激的体验。作品有多种拍照留影的想象空间，是一个令人流连忘返的、发光的梦想载体。（图 3-34 至图 3-36）

图 3-34 《发光的梦想》1

图 3-35 《发光的梦想》2

图 3-36 《发光的梦想》3

如今，我们置身于一个炫目的景象时代，视觉产品的生产和传播急剧累积、翻转，观看、娱乐等需求都被笼罩在跃动的景象空间里。三维电影、场域光媒等技术在今天日臻完美，影像突破了平面，可以在实地打印出 3D 虚拟景象。观者不但乐于接受数码合成的超现实虚像，更为融入景象所震慑，这必然会加速传统实像审美方式的搁浅。进而，我们不得不面对新的问题：当数码景象身临其境，虚拟真实与现实实像判断的边界愈加混淆时，理性乃至哲学还有没有能力将人的感官回复到实像世界？

阳光煜煜，呈现着雕塑在时光交错中难以磨灭的本质，让我们明白一个时光不易改变的事实：雕塑实在的体与恒在的空间。面对现实极其丰富的物质社会，物欲虚妄更容易被虚拟世界翻转夸大，而心灵终须安歇，文化印迹与传承也需要妥帖地存储和呈现方式。恒定，在繁嚣流转中弥足珍贵。把握现实与实物的不变存在是一种精神上的心理寄望，这是个人对社会急剧变化与快节奏生活的一种必然需求。

雕塑将遥远的文明几乎原封不动地传承至今，这种过硬的载体即便在露天的空间中也不需要封存而承载不同的时代信息。雕塑曾经千万次将精神唤起又沉淀，与今天数码世界幻起幻灭、稍纵即逝的特性完全是两个极端。

而光与雕塑的关照自始至终。光与实体、空间的辉映可塑造和加强彼此的存在，可强化空间深度的张力，渲染材质感的表现。能将视觉中的形体、空间、材质等铺叙成特殊的情景空间与精神感受。数码与光媒结合的新艺术表现形式横空出世，以光为媒在今天更显示出拥有改变景观空间的神奇力量：当数码光媒使景观中心的历史建筑重新焕发生机或令某些景观成为新的关注点时，体现了光媒作为公共艺术与日常生活联系的最快捷反应。

　　数码光媒在夺得眼球的能力上是毋庸置疑的。在公共空间中，数码光媒轰轰烈烈的商业效应势必覆盖了雕塑设立的初衷。而公众对虚拟方式变幻的期待，其实就颠覆了永驻的可能性。既有的雕塑在这场致幻的游戏中失去幻彩后留下了木讷的躯壳和空场。人们将关注下一场涂妆与盛演的档期。雕塑只是充当光媒演出的布景和（图）底的合成，就这样被无数次地涂画、覆盖，雕塑艺术将难以复归独特的审美方式。

　　当代艺术需要多元知识背景、技术支持，更多的实时交错。新技术、新媒材必然会激发全然不同的思维方式，催生一个新的艺术门类。而数字——虚拟真实的转换似乎只隔着一台 3D 打印机，可望与可及就在一念之间。正是雕塑家积极参与媒材实验，不断地发现新的可能性，推进艺术介入都市空间、创建景观雕塑的场域吸纳公众，雕塑在当下的价值和意义才能延续下去。

　　为充分呈现数码光媒信息的交互性，而沿着形体、空间、材料滋生新奇的艺术形态，创设一开始就指向数码光媒的共生共演，并呈现景观雕塑自身独特审美的一贯性。尤其在景观雕塑的新领域，光媒携带数码影像闯入景观视野，雕塑应该能够达成与光媒最好的协作，在空间场域里探寻雕塑嬗变的新机会。

　　"光媒雕塑"以雕塑特有的驾驭空间的力量，借助数码极强地擦写、生成、及时、共享等特质以及网络交互资源、数码成型平台所带来的极大创造空间，将网络虚拟中的存在与现场的互动呈现出来，在景观视野中营造出了非凡的视觉盛宴。

　　法国哲学家德波在 20 世纪 60 年代就断言一个充斥着活动图像的、令人震惊的"景象社会"正步步近逼。4D 电影、数字感应等技术能够支持以身体感官体验逼近"真实"的体感审美。数码光媒能够将"虚拟空间"打印为现场"真实空间"，观者可以直接成为景象的一部分，具有不可比拟、实时传播的现场景象把控力。当所有技术围绕精神与体感慰藉的最大满足与提升，直逼现实世界无法企及的感应、互动等体验的极致时，无休止的欲望与想象终会因身体的耐受力而崩溃。谁又准备好应对极致的虚像世界与最严酷的现实性冲击呢？由此，人对数码景象必然产生强烈的依赖，而当分分钟都必须付费时，德波的"景象即商品"将不可逆转。当神经元能够直通数字终端而直接融入感官的刺激时，必将灾难性地终结人的精神愉悦。

新技术可推升视觉感官进化，激发精神需求。以景观雕塑的形式，能够积极地参与社会和文化，并在其进程中不断发掘、更新雕塑存在的价值。一方面，借助光媒可以在空间打印 3D 形象；另一方面，景观雕塑形态借助 LED 自发光技术，也可以照映自己的空间。雕塑的起伏给光影交错带来更多夜与昼变换的意外。影像叠加、交错，挑战既有经验和记忆而激发观者的兴趣。占领新的空间领地的同时，助推数码技术在空间艺术的革新。而由景观实像的场域去促进人与人之间那种亲力亲为的真人交往方式发生，有利于改善对现实世界渐行渐远的严峻现实。

第四章

课程架构

第一节

课程设置

一、课程安排

1. 课程名称：景观雕塑
2. 课程学时：150 学时
3. 课程年级：四年级上学期
4. 课程性质：专业必修课

二、教学目的

景观雕塑设计选取中小尺度的城市空间为设计基地与素材，综合运用已经学习的景观环境元素设计方法，以形体、空间、质感为核心的景观雕塑设计语言，结合城市文脉、功能需求、环境生态理念，突出景观雕塑的空间塑造及艺术魅力，独立完成一件城市景观雕塑设计作品。

要求运用景观雕塑设计语言和创作方法，以开放的景观雕塑设计理念结合当代更宽泛的文化、生态视野，融汇雕塑、建筑、园林等专业知识和设计、创作实践经验，通过运用当代材料造型的方式去设计筑造具有一定空间尺度的景观雕塑作品。

创作的景观雕塑设计作品，需明显体现以开放的形体、空间为核心的景观雕塑设计语言，设计方法科学、设计理念符合时代语境，并赋予作品新的特质感受，体现当代艺术介入空间的价值，且具有高度的独创性和艺术性。

运用玻璃钢、木、石、陶、金属等常见雕塑材料，鼓励结合更丰富的现代新材料完成景观雕塑设计模型。

三、教学内容

1. 景观雕塑的历史线索以及内涵与外延。
2. 景观雕塑是景象时代雕塑的回应。景观建筑、景观雕塑、景观园林设计的代表人物有高迪、野口勇、扎哈·哈迪德、玛莎·舒瓦茨等。
3. 景观雕塑方案构思、设计及模型制作，是关于雕塑开放语汇的综合实验。

四、课程考核

展示设计模型，并以 PPT 演示汇报，由任课教师结合学生平时作业评定课程成绩。

第二节

课程解读
与实施

一、课程意义与目标

1. 基本观点

景观雕塑专业着重研究以雕塑的具象形式向抽象领域转换所凝练出的形体、空间和材料要素，作为造型语汇运用到景观设计中。将雕塑扩展到建筑、园林、环境设计等专业的交叉领域，是其中唯一从手中的模型入手，把主体放入空间的方式来体验、思考、设计、塑造景观的有效方式，是应对社会实践需要有特色的宽口径专业方向的一门核心课程。

2. 主要内容

景观雕塑涉及建筑、园林、环境设计等不同专业门类，是目前国内与城市现代化进程配套并行的炙手可热的行业。从以往毕业生的就业状况调查分析来看，雕塑专业毕业的学生适应性和竞争力很强，对有关立体或空间造型方面的工作更容易上手并能做出成绩。这与雕塑形体、空间和动手能力的专业素养经过了五年坚实训练的关系密不可分。主动扩展专业内涵，积极拓宽专业口径，优化学生创业结构，构筑学术新高地，以研究促建设，不断提升专业品牌，为景观雕塑的毕业生打造更宽的从业口径。

近年来，随着我国城市建设的高度发展，"景观雕塑"这一专业的研究内容受到越来越多的社会关注。国外大量优秀的建筑师、景观设计师、雕塑家、艺术家参与到我们的城市环境设计中，他们的设计理念与形态常常与景观雕塑设计不谋而合，即是对环境"空间、形体、质感"的深入掌控。由此，人们的审美意识也得到耳濡目染的提高，"景观雕塑"成为目前我国城市环境建设、艺术空间设计中的重要力量。

3. 特色与创新

将水土树草、金木石陶等多样媒质拿捏在手中来造型，是把广义雕塑上的多种语言形式的试验放到学生将来的"饭碗"里来做的新专业。雕塑专业有必要拓展其工作的领域，以开放的观念、亲和的设计，将驾驭形体、空间、材料以及工程技术方面的经验扩展到公众的景观艺术上来。

而只要将雕塑的概念与形式完全打开，让环境进入敞开的雕塑之中，就能改变所谓的景观雕塑总是由环境对雕塑提出要求的被动状态，使雕塑成为造型景观的总体——视野中的一切所见。该观点的提出，凸显了在雕塑领域里全新的观念和景观业界的特色。

4. 目标

借助雕塑专业对形体、空间、材料以及工程管理的驾驭能力，基于传统雕塑专业教学资源，在"当代艺术进入空间环境"并融入公众生活的前提下，保持专业课程对艺术最新资讯的敏锐反应，将实验艺术与实用美术结合起来；更好地把传统雕塑关于形体、空间研究的成果与新材料、新观念结合起来，构建一个应对造型与空间设计领域新挑战的课程。

二、教学程序与组织方式

1. 多媒体课件演示与讲授

分析、鉴赏一些优秀的景观雕塑设计作品，体会其设计语言的运用和设计思维的展开，并系统梳理以"形体、空间、质感"为核心的景观雕塑设计语言。

对于景观雕塑的概念，需要从现代、当代雕塑史的线索去梳理与凝练。以多媒体演示、分析、讲解雕塑史的演进与雕塑形态景观化的成型。从图解阐释雕塑与景观的关系，以开放雕塑观念和形式本身，引申景观雕塑在当代社会的特殊价值和引领城市景观的艺术创新。

2. 课堂讨论

对课程概念、案例以及设计创意展开师生或同学之间的讨论，并围绕其相关问题讨论，提出与解答对于景观雕塑的概念模糊、专业跨界以及景观设计雕塑化等问题。理清传统的城市雕塑与景观雕塑的区别，强调景观雕塑不仅有造型本体上的优势，还具有艺术实验与上游精神在艺术介入空间的前沿意义。

3. 景观雕塑方案设计构思

（1）场地分析。以形态组织空间，对场地空间流态以及功能分区做详细分析，发现场地形态以及文脉等启示构思的原生元素。

（2）运用造型、材料等景观雕塑手段，突破场地形态以及文脉局限并形成独特场地创见。

（3）初步方案设计构思及模型制作。做好基地前期的文脉梳理、场地形态、功能需求分析及设计概念的构思。方案设计构思可采用草图、电脑建模、泥稿等多种方式表达。

（4）汇报方案。以PPT方式汇报思路与讨论。草图、泥稿结合文字阐释方案，师生共同参与点评和分享设计创意，提建议、拓思维。

（5）修改。方案应参照景观设计规范。

（6）定稿。以PPT方式汇报并最终确定制作方案。

（7）景观雕塑模型制作。要求根据实地或虚拟环境将景观雕塑方案以和环境缩小比例相匹配的模型方式呈现，要求比例准确和仿实材效果。该过程着重在运用模型生成过程中推敲景观雕塑的形体、空间以及整体关系，并完成最终材质模拟表现。

（8）辅导。本课程的模型借助设备要求在课堂上成型。课程的综合性成果对跨专业知识在运用中的拿捏，需要指导老师在创意、构形上的锤炼、推进。

（9）阶段检查。课程的综合性成果涉及雕塑、建筑、园林等方面的知识，教学团队除适时介入教学以外，在中期以及结束时有两次检查。对课程进度把控和方案推进提出建议。

（10）完成。要求完成的作业能完整体现对场地要素的有效运用，场域、材质感以及设计理念呈现最大化。指导教师应对所有作业进行比较、评述、梳理、总结，使知识和作业过程积淀成个人经验和理论成果，以提升教学的实践价值。

（11）教学评估。本课程实行随堂作业，即考核。每阶段课程结束时，学生需按教学要求呈交进度作业。课外完成PPT汇报文件，由任课教师结合学生平时作业评定课程成绩，并由教研室主任组织3~5名教师组成课程考核小组进行考核。考核内容包括以下六项：①是否按教学要求进行设计；②互动好，按教学进度和内容汇报；③设计与场地是否协调统一；④场地元素引用与提升是否积极有效；⑤设计方案是否能形成与公众互动、对话与分享；⑥设计方案是否体现景观的可持续发展观。

三、课程内容的体系结构

1. 主要课程简述

　　介于该课程跨界的综合性，有必要了解相关框架课程内容，建立坚实的承上启下的知识体系与专业经验，把握课程环节推进的内在逻辑。所涉及的主要课程为泥塑、外部空间设计、建筑小品设计、景园设计以及综合构成等。

（1）泥塑

　　泥塑课是景观雕塑专业重要的基础课程之一。该课程以传统雕塑语言训练为依托，以不断提高学生的形体修养为中心，培养学生的形体和空间的造型能力，服务于雕塑的创作与设计表达。这个阶段以人体作为教学研究的主要对象，让学生集中学习雕塑语言；逐步理解深度空间中塑造形体以及形体对建构空间的作用，最终达到对生命力所传递的能量的敏感捕捉和有效的表现；要重点解决在形体与空间的基本训练中，面对写实对象时的抽象思维能力，启发学生抽象创造的潜力。在积累造型经验的同时，完成由传统向现当代雕塑意识的过渡。

（2）外部空间设计

　　通过课程了解外部空间环境的基本概念、基本性质及构成要素，学习外部空间设计的基本手法，对外部空间环境与雕塑作品的空间关系进行分析和研究，形成雕塑造型主导空间的意识与基本能力。对设计的表达方式和手段进行多种练习，进而掌握环境景观设计的基本原则、基本方法、基本表达，培养对景观设计基本程序、基本内容、基本成果的明确认识，能分阶段完成环境景观的策划设计任务。

（3）建筑小品设计

　　建筑小品设计是培养景观雕塑专业学生解决功能与造型相互关系的重要课程。本课程旨在通过系统的训练使学生掌握建筑小品设计中的功能布局、空间造型以及人体工程学等相互制约又相互促进的知识要点，了解建筑设计与建造的常识和规范。

（4）景园设计

　　学习景观造型的目的是使学生了解中西方景观造型的基本内容与各自特点以及发展历史，对景观雕塑在中西方景观造型中的地位与作用以及处理手法有所认知，并了解城市自然风景中景观设计的原理与方法，了解建造的常识与规范。用具有景观雕塑专业特色的景观造型设计理论方法和体系进行景园设计，通过形体、空间、质感的处理，结合场地和材料，营造出具有鲜明场所精神的景园空间。

（5）综合构成

综合构成的理论和教学实践，是雕塑专业关于广义抽象雕塑的基本理论和基本训练的课程。通过引导学生对构成中形体、空间、肌理等形式要素的进一步了解和对媒质属性的深入认识，专注个人情绪、记忆、梦境特质训练，使学生形成新的思维方式、独特制作技巧。让学生自由选择有利材料来构成有力作品，借此做雕塑语言、形式张力探索的练习。以发现和运用矢量张力为主线，分阶段综合地训练学生在抽象雕塑创作中的想象力和直觉判断力。课程包含八个方面的单元训练：①体感和量感；②空间感；③质感；④记忆与梦境；⑤图像与声音；⑥媒材；⑦语言转换；⑧综合构成。

2. 课程内容及学时分布

（1）多媒体课件演示与讲授：10学时。

（2）方案汇报与课堂讨论：14学时。

（3）景观雕塑方案设计构思：20学时。

（4）景观雕塑模型制作与辅导：100学时。

（5）小结：2学时。

（6）总结：4学时。

（7）合计时数：150学时。

3. 景观雕塑独特的教学方式

景观雕塑实践教学的设计独特而且可操作性强。由草图或直接以泥稿的方式进入形与空间的构思。这种设身处地地拿捏、推敲方案，即一开始就以人物游走模拟形体空间与场域的体验，相对于单纯由平面介入空间，设计者能更好地把控空间尺度与关系。同时，从泥稿到泥塑模型定稿放大，再到材料翻制成型、打磨以及材质效果模拟，都是需要学生亲力亲为的体验与实践。这对景观雕塑营造独特的空间艺术非常有效。

4. 考核内容与方法

由教研室主任组织3~5名教师组成课程考核小组进行考核。考评内容为：

（1）是否按教学大纲要求进行教学活动。

（2）是否进行课程总结和作业点评。

（3）教学效果是否达到教学要求。

第三节

教学重点
及要求

综合五年景观雕塑专业学习过的所有知识，特别是要综合景观造型设计课各门课程的知识，进行本次毕业景观设计课。景观雕塑的设计，可以是一个景观规划、场地景观、景观组合、景观小品等。

一、教学重点

1. 强调景观雕塑化、公共属性和艺术介入空间的当代特质。
2. 突出作品设计的抽象性、公共性、概念性与实验性。
3. 强调景观可持续的生态观。
4. 独特的泥稿创意构形与推敲。
5. 对景观雕塑全新概念的讲述与理解。
6. 雕塑与跨学科的融合。
7. 成果融会专业知识在设计中的综合体现，景观方案贯通成一体。
8. 源于形质、空间等雕塑语言的景观造型创新。
9. 雕塑与景观创意思维的关系。
10. 雕塑语言形式与景观造型的关系。

二、教学要求

知识的综合性、独创性，雕塑主导景观造型的特点。

1. 解读与认识

解读美术史中雕塑演化的分支与线索，使雕塑成为景观本身的逻辑关系与主体意识。

2. 经验与转化

驾驭雕塑视觉语言的经验，与相关知识融合，衍生出独特的造型体系。

3. 实践与呈现

完成景观雕塑缩小比例的沙盘模型，撰写一篇设计过程的心得实录。

参考文献

1.[英] 爱德华·路希·史密斯 . 西方当代美术 [M]. 南京 : 江苏美术出版社，1992.

2. 鲁道夫·阿恩海姆 . 视觉思维 [M] 滕守尧，译 . 成都 : 四川人民出版社，1998.

3. 施慧 . 公共艺术设计 [M]. 杭州 : 中国美术学院出版社，1996.

景观雕塑博客

后 记

二十几年的景观雕塑教学实践，使我对景观雕塑课程有了深入的认识和体悟，明白如何深入浅出、有的放矢地教学，让学生在有限的课时内获取更多的知识。酿思许久，希望通过此次教材的编写，将景观雕塑的架构、授课内容、创作实践以及景观雕塑创作的案例分析阐述清楚，便于教师的教学和学生的阅读学习。

在教材的编写过程中，由衷地感谢焦兴涛、王林、朱尚熹、李险峰、赵磊、杨奇瑞、曾令香、景育民、戴耘等专家同行在内容取舍、体例设计和资料提供等方面给予的友情支持、协作和帮助。

感谢西南师范大学出版社的王正端先生，正是他对学术出版的热忱、对图书品质的严谨打造和对作者的倾力支持，才保证了本书的出版发行。

借教材出版之际，对于本书从想法初始，到付梓过程中给予我诸多帮助的四川美术学院老师、同事和学生们深表谢意。承蒙你们的关照，本书才得以出版面世，在此表示衷心感谢。

由于编写时间和篇幅所限，难免出现纰漏，敬请各位专家、同行批评指正。

曾岳于虎溪雅舍

图书在版编目（CIP）数据

景观雕塑 / 曾岳, 葛平伟著. 一重庆: 西南师范
大学出版社, 2018.5（2020.8重印）
四川美术学院雕塑系实践教学系列教程
ISBN 978-7-5621-9271-8

Ⅰ.①景… Ⅱ.①曾…②葛… Ⅲ.①雕塑－景观设
计－高等学校－教材 Ⅳ.①TU986.4

中国版本图书馆CIP数据核字(2018)第089139号

普通高等教育"十三五"规划教材
四川美术学院雕塑系实践教学系列教程

景 观 雕 塑
JINGGUAN DIAOSU

曾岳　葛平伟　著

责任编辑：袁　理
设计指导：汪　泓
书籍设计：黄炜杰　曹馨予
出版发行：西南师范大学出版社
地　　址：重庆市北碚区天生路2号
邮政编码：400715
http：//www.xscbs.com
电　　话：（023）68860895
传　　真：（023）68208984
经　　销：新华书店
排　　版：重庆新金雅迪艺术印刷有限公司
印　　刷：重庆新金雅迪艺术印刷有限公司
幅面尺寸：210mm×285mm
印　　张：7
字　　数：180千字
版　　次：2018年9月 第1版
印　　次：2020年8月 第2次印刷
ISBN 978-7-5621-9271-8
定　　价：49.00元